WAC BUNKO

数学を使わない数学の講義

小室直樹

WAC

まえがき

我が国では、第二次大戦前、科学の振興のために特に数学が重視されるようになり、理科、特に「数学が教育の中枢」となった。

この傾向は戦後も残り、この事が敗戦の痛手を乗り越えて、高度成長を可能とし、死灰の中から見事に復興をとげ、日本は経済大国となった。

しかし、戦後の「お受験教育」に依る「面白くない数学」が長く続き、こんどは一転して逆に「ゆとり教育」指向に因って、歪曲され、終に日本の青少年の数学力が、みるみる低下する傾向に拍車をかけることとなった。

日本人が数学力を失ったらどうなるか？

経済成長は停滞し、国防すら危うくなる事は間違いない。

「数学には馴染みが薄い」『なんとかやろうとしたが、出来なかった」と言う人が多く、「数学とは何か」という本質（論理）を知らない人が急増している。

やがては表面化する、戦後教育の弊害を見越して、約四半世紀前に「数学」を使わないで、数学の講義をしてみたのが、この本である。

「数学を使わない」とは、計算だとか、補助線を引くなどの「技巧」を使わないということである。

技巧を駆使しなくても、数学の本質（論理）を理解することによって「数学的発想」を持つ事が出来る。何よりも、この事が大切なのだ。

緑陰の読書で、のんびりと楽しみながら、な－るほど！　そうだったのか！　と納得されたら幸いです。

平成十七年四月

小室直樹

数学を使わない数学の講義

目次

第1章 論理的発想の基本
——まず「解の存在」の有無を明確化せよ
〈存在問題——近代数学最大の貢献〉

2 社会観察にどう応用するか

2 「法の精神」の根底にも数学がある

論理の世界から日本流曖昧社会を点検する

第3章 矛盾点を明確に摑む法

〈必要条件と十分条件〉
——論理学を駆使するための基本テクニック

2

人間の精神活動を数学的に読む
宗教・イデオロギーの骨子とは何か

第4章

科学における「仮定」の意味

〈非ユークリッド幾何学——否定からの出発〉

——近代科学の方法論を決定した大発見

第5章

〈数量化の意義〉

「常識の陥穽(おとしあな)」から脱する方法

——日本には、なぜ本当の意味での論争がないのか

装幀/ＷＡＣ装幀室(須川貴弘)

第1章

〈存在問題——近代数学最大の貢献〉

論理的発想の基本

——まず「解の存在」の有無を明確化せよ

1 はたして解けるのか、解けないのか

無駄な努力を排し、〝やる気〟を保証する

なぜ、ギリシャ数学が近代数学の母体なのか

〝数学〟といえば、その言葉を聞いただけで敬遠したり、嫌悪感を催す人も少なくないことだろう。そして、たいていは「数学など知らなくとも、実際の社会生活のうえで何ら支障があるわけでもなし……」などといった気の弱い弁明をつけ加えたりする。

しかし、個人的な好き嫌いになどいっさい関係なく、数学の本質を知らずして、社会生活を営むことは不可能に近い。もっと言えば、数学的発想こそが、現代社会を成立させ、充実させる基盤そのものなのだ。

しかも、数学の本質は数学嫌悪症の人が思っているほどむずかしいものではない。

要するに、中・高校時代に数学のおもしろさを教えてもらう機会に恵まれなかったと

いうだけにすぎない。

これから縷々述べるが、サラリーマンライフの充実も、はたまた女性を口説く術においても、数学を知っているか否かが、成功への一大ターニングポイントになるものだということは肝に銘じておいてもらいたい。

もちろん、より広大な視野で見れば、日本が、従来の〝欧米追従型文化〟から脱却し、新たなるものを創造していくことができる、文字どおりの「一流国」になれるか否かも、ひとえに、日本人が、これまで培ってきた日本流の知恵に、数学的な発想を加えることができるかどうかにかかっていよう。

さて、本書でこれからその基本発想を述べる近代数学の濫觴（はじまり）は、ギリシャにあった。もちろん、数学そのものは、古代中国にもあったし、インドにもあった。また、エジプト、バビロニア、マヤ帝国にもあったわけだし、しかも、その内容というのも、必ずしもデータに残ってはいないのだが、相当高度なものであったと推測されている。

たとえば、マヤ帝国では、一年は三六五・二二日という正確無比な暦を作っているし、古代エジプトではピラミッドやスフィンクスを作り、古代中国では万里の長城や大運河を作っている。これらは生やさしい数学では、とてもできるものではない。それが証拠に、一九五〇年代後半、ナセルがエジプトの大統領になったときに、自己の権力を誇示するために、スフィンクスを首都カイロに持って来ようとしたのだが、近代的クレーンの力をもってしてもビクともしなかったという。

それほどのスフィンクスを古代のファラオ(王)は、いともやすやすと作っていたわけで、当時の数学のレベルが並々ならぬものであったことを示している。さらにまた、古代インドでも、貴重な「ゼロ」の発見をしている。

しかし、それらの数学は、本質的な意味において、近代数学とは根本的に異なるものであった。つまり、近代数学の濫觴(らんしょう)はあくまでギリシャであり、それほどにギリシャの数学は素晴らしいものであった。では、ギリシャの数学のどこが素晴らしかったのか。一言で言えば、それは公理主義ということである。

公理主義とは、雑然たる知識が単に並べられているのとは違って、たとえば、ユークリッドの幾何でいえば、五つの公理だけをまず仮定する。言い換えれば、それ以外は何も知らなくてもすむ。つまり、あとの問題は、この公理からすべて導き出せるという、まことに素晴らしい構造になっているわけである。しかもその導き出す手段は形式論理学（日常言語を用いず、三段論法・記号論理学など理論の形式的構造を研究する論理学）に限られている。

ということは、ユークリッド幾何学のすべての定理がたった五つの公理で説明できるということであり、この点が古代ギリシャとその他の古代国家で発展した数学との決定的な相違なのである。それからもうひとつ大事なことは、使用される論理学が特定されているために、証明できたかできないかが一義的、客観的に、つまり誰の目にも明らかにわかるということ。言い換えれば、証明されたようでもあり、されないようでもあるといった曖昧（あいまい）さは微塵（みじん）もないという点にある。

そこで、必然的に幾何学はすべての学問の理想と見なされることとなり、プラトンもアカデマイヤー（プラトンがアテナイで開いた学校）の看板に〝幾何学を学ばざる者、わが門に入るべからず〟と書くわけである。

真っ赤な嘘も数学的には正解

さて、前置きはこのくらいにして、本論に入ろう。数学の論理は、いわゆる常識の論理とひじょうに異なっている場合が多いのだが、実は、誰もが無意識のうちにそれを使ったり、あるいはそれが、人類の発展にものすごく大きな影響を与えたりもしている。これから述べる「存在問題」はその典型である。まずは、そのなかで数学の論理がいかに常識と異なっているか、つまり「数学の論理」はいかに「常識」を超えた――「超常識」的なものかという例から、挙げてみよう。

たとえば、あなたの友人の一人があなたに対してこう言ったとする。「実は、俺の妹は兄貴の俺も惚れ惚れ（ほぼ）するほどの美人なんだが、どういうわけかお前に惚れちゃってどうしようもない。よかったらお前、ひとつ妹とデートしてくれないだろうか……？」こう言われて、悪い気のする男なんていようはずもない。あなたにしても、当然、その妹とのデートをＯＫして、次の日曜日ぐらいに待ち合わせ場所の喫茶店に、いそいそと出かけて行くことだろう。ところが、その喫茶店には、友だちが一人でいるだけで、妹なんて影も形も見えない。「どうしたんだ」と問い質（ただ）すと、「悪いなあ。実は俺は一人っ子で、妹なんていないんだよ」と言ったとする。もちろん、あなたはカッカと頭に来て「嘘をつくのもいい加減にしろ！　お前なんかもう絶交だ」と言って喫茶店を飛び出すに違いない。

常識的にいえば、当然、その友だちが言ったことは、真っ赤な嘘ということになるだろう。しかし、数学的な論理でいえば、彼の言っていることは正しいのである。もし、実際に彼に妹がいて、その妹があなたに惚れてもいないのに「お前にベタ惚れだ」と言えば、これは当然嘘になる。妹がいて、ひじょうにブスなのに「俺の妹は絶世の美人だ」と言えば、やはりこれも嘘になる（ただし、この場合には、数学的に、美人とブスを定義づけしておくことが必要だが）。ところが、妹が実際に存在しないとすれば、その妹については何を言っても正しい。妹がお前に惚れていると言っても正しいし、お前を殺したがっていると言っても正しい。ブスと言っても正しければ、美人と言っても正しい。つまり、存在しないものについてはいかなる命題も成り立つ、というのが数学的論理の一つの特徴なのである。

存在しないものに関しては何を言っても正しい

ところで私は、現在の中・高等学校の数学教育はまるで目茶苦茶で、そのために数学嫌いの人間が増える一方だと見ている。何しろ、ほとんどの数学教師が、今いったような数学の論理、つまり存在問題がわかっていないという惨状にあるのだから。一例を示せば、私がかつて家庭教師をしていたときにこんなことがあった。当時、私の教え子は中学生だったが、学校の試験の際に〝次の図形で対角線が直交するものを挙げよ〟という問題を出された。もちろん、その問題文の下には、いろいろな図形がズラッと並んでいたのだが、その中に三角形もあって、あまりできのよくないその子は、三角形に丸をつけてしまった。数学の教師は、当然のこととしてその答えに対してバッテンをつけた。しかし、これは本当はおかしいのである。というのも、三角形には元々対角線というものが存在しない。だから、存在しないものについては何を言っても正しい。つまり、直交すると言っても、しないと言っても正しいことになる。これ以外にも、この手の例は枚挙にいとまがない。要するに、数学の基本命題をまるで知らない数学の教師が、大手を振って濶歩しているのである。

　こんな数学的論理は、数学の教師ならば当然身につけていなければならないはずだ。もっとも身につけていないからこそ、対角線の問題に、最初から対角線など存在しない三角形を対象にしたりする過ちを平気で犯すのだろうが、そもそも、さきほどの問題は初めから数学的には、問題の体を成していなかったわけである。

　まあ、数学教師の悪口は言い始めると止めどがなくなるから、この辺で止めにしておこう。ともかく、論理の問題としては、何事かを言う場合には、まずそれが存在するかどうかを確かめることが最初である、ということにしっかりと目を向けてほしい。

　これはまさに、数学の偉大な業績の一つなのだが、こうした問題のきっかけというのは、実は、ギリシャの昔からあった。

　古代ギリシャ時代に、テーベという町でものすごい疫病が流行した。それで、当時の市民たちは、デルファイの神に神託を求めたのだが、その神はこう言ったという。

「神殿の前に祭壇がある。その祭壇とまったく同じ形をして体積が二倍であるものを造り、それを供えたなら、疫病を止めてやる」。そこで、ギリシャの数学者たちは、必死になって体積を二倍にするような作図を試みたのだが、これがなかなかできなかった。

これと似たような問題は、他にもまだある。たとえば、これは一見、中学校の幾何の問題と思えるぐらい簡単に見えるものなのだが、「ある与えられた角を定規とコンパスだけを用いて三等分しなさい」という、角の三等分問題もそうだ。この問題もやはり、ギリシャの数学者たちが死に物狂いになって作図しようとしたのだが、何百年たってもできなかった。

正三角形の作図などはいたって簡単で、ギリシャの時代にすでにやっていたし、正方形、正五角形、正六角形……、とずっといって正十二角形ぐらいまでなら簡単に作図はできた。しかし、正十七角形の作図となると、これは大問題で、ずっと長い間、これができるとは誰も思わなかった。

もうひとつ、代数のほうでいえば、一次方程式はごく簡単に解けるわけだし、二次方程式もバビロニアの数学ですでに解けており、それがローマに伝わって、アラビアの代数学でも解けていた。しかし、その次の三次方程式となると、これは解けるまでにずいぶんと長い時間を要してしまい、ようやくルネッサンス時代に、イタリアのカルダノ（一五〇一～七六年）が初めて解いたのである。そして、それに続いて間もなく四次方程式もカルダノの弟子のフェラリによって解かれることになる。そこで、数学者の関心は当然、次の五次方程式へと向かったわけだが、これもずっと解けずに、何百年という時だけが空しく流れた。

数学が提起した「存在問題」の重要性

さて、以上、代表的な数学上の難問を挙げてみたのだが、これらの問題というのは、実は、ひじょうに本質的な問題を含んでいるのであり、こうしたギリシャ的な問題が中世ゲルマン的世界に持ち込まれることによって、大変な数学的論争が巻き起こされることにもなるのである。

これは、一言でいえば〝存在問題〟ということであり、ある問題が起きたとすれば、その問題の対象になっているものが本当に存在するのかどうかを、まず確認しなくてはいけないということなのである。先の体積の二倍問題を存在問題として考えてみると、定規とコンパスだけをもってやったのでは、そうした作図法は存在しない。これはギリシャの昔から約二〇〇〇年もたってから、ようやく証明されたわけである。

角の三等分問題についても然り。与えられた任意の角を、他のいかなる情報もなしに定規とコンパスだけで三等分する方法は存在しないということが、ドイツの天才数学者ガウス（一七七七〜一八五五年）によって証明された。このガウスは、実は正十七角形を初めて作図した人物であり、しかも、正n角形のうちで、定規とコンパスだけで作図できるものとできないものとがあることを、きちんと証明した人物でもある。

また、五次方程式については、これはノルウェーの数学者アーベル（一八〇二〜一八五五年）によって、一般的な五次方程式を解く代数的方法（つまり、係数の加減乗除やルートを開くだけのやり方）は存在しないということが証明されるにいたった。

読者の中には、実生活とまるで無縁な問題を考え続ける数学者とは、実に奇妙な存在だ、と思う人が多いかもしれない。しかし、このような証明が成されたということは、数学的にものすごく大きな貢献をしただけではなく、その他の自然科学において、さらに社会科学において、ひじょうに意義深いことだったのである。たとえば、神学についていえば、神学の最大の問題は、もちろん本当に神が存在するかどうか、という点にある。つまり、たしかに神が存在するとなれば、これこれしかじかといったもののすごい議論をしても実りがある。しかし、もし神が存在しないとすれば、どんなに神学的な大議論を展開しても、およそ無意味にきまっている。

この一例からも、数学によって初めてクローズアップされた「存在問題」の重要さは、十分おわかりいただけるはずだ。

なぜケネディは「月着陸」を公約できたか

それでは、存在問題が現代のわれわれの生活にとってどういう意味があるのか、宇宙開発を例にとって話すことにしよう。時は一九六〇年。今からおよそ四十五年前のことだが、当時、宇宙開発においては、アメリカはソ連に大差をつけられていた。そこでケネディは大統領になったときに「悔しい！　このままでは大変だ」という世論に応えて、「ソ連を必ず抜き返し、六〇年代の終わりまでには、アメリカ人を絶対に月へ送ってみせる」と公約した。

当時の難問としては、宇宙開発と同時に、癌の治療法というのもあったが、その頃には遺伝子工学というものもなかったから、癌の第一線の研究者に「いつ頃になったら癌の治療法が発見できますか？」と尋ねても「まったくわかりません」という答えしか返ってこなかった。

さて、ここで問題にしたいのは、なぜ、癌の治療法がいつ発見できるかはまるっきり五里霧中、闇の中なのに、人間をいつ頃までに月に送れるかということについては明言ができたのか、ということである。実は、ここに存在問題が関係してくる。

賢明な読者諸子ならもうおわかりのことだろう。当時、癌の治療法というのは、果たして存在するのか存在しないのかわからなかったのに対して、宇宙開発のほうは月に行くための確かな条件が存在することがすでにわかっていたのである。

もっとも、現時点では、分子遺伝学がひじょうに発達したことから、癌の治療法の存在も確信されているようで、専門家の中には、「数年たてば、癌を一般的に治す方法が発見できる」と主張している人も、かなり多いようである。

話を宇宙開発のほうに戻すと、人工衛星にしろ、宇宙船にしろ、それらはすべて物理学の領域である。物理学というのは、あのリンゴのエピソードでおなじみのニュートンが考え出した「ニュートン力学」の第二法則と第三法則を公理のごとき前提として、数学と同様、それからすべてがきちんと導き出される学問である。言い換えると、その第二、第三法則さえ仮定すれば、物理学の世界の森羅万象がすべて説明されるということであり、当然、人工衛星や宇宙船についてもニュートン力学の範囲の中に含まれる問題である。

ところで、そのニュートン力学というのはすべて微分方程式で表現され、その微分方程式さえ解けば、理論的には楽々と人工衛星や宇宙船を飛ばすことだってできる。とすれば、技術的な問題を別にすれば、当然あとに残るのは、いかにして微分方程式を解くかということだけだ。ところが、この微分方程式というのがなかなか複雑で、そうやたらに解けるものではない。

微分方程式を解くとは、簡単にいうと、一所懸命積分を繰り返して、解（解答）をなんらかの既知の関数の形に表わすということである。さらにそれを計算して数値を出そうとする。そして答えが出れば「万歳！」となって、この積み重ねで物理学は進歩してきたわけだ。しかし、微分方程式が複雑になってくると、とてもそんな初歩的な解法では解き得ないものが増えてくる。

人間が月へ行けたのは「存在問題」解決のおかげ

基本となる公理は、ニュートンがすでに考えておいてくれたのだから、公理主義の考えで進めていけば、微分方程式を作ることはそれほどむずかしくはない。だが、せっかく作った方程式が解けないのでは何にもならないではないか……。こんなジレンマが、物理学者の間でしばらく続くのだが、十九世紀の終わりになって、ついに驚くべき発見が成されるのである。発見者はフランスの数学者コーシーという人物なのだが、彼は微分方程式に関して、解く方法を見つけることはひとまず別問題にし、とりあえず微分方程式に解があるかどうかを見抜く方法を見つけようとし、見事にそれに成功したのである。

言い換えれば、微分方程式における解の存在問題が解決されたわけで、つまり、学者が微分方程式をグッと睨めば、解は出せなくとも、解があるかどうかはわかるということになった。ごく普通の常識では、解があるのがわかっていれば解けるだろうとか、解があるのがわかっていたって解けなくては意味がないじゃないか、ということにもなるのだろうが、数学や物理の世界では、解があることがわかっただけでも大変なことであり、そこが、存在問題のおもしろいところでもある。また後に詳述するが、経済学の場合にも同様なことがいえるわけである。

これは、逆のケースを考えてみればすぐわかる。もし解を持たない微分方程式だとすれば、解く努力自体がまったく意味を持たない。つまり、賽の河原の石積みのようなもので、そんな微分方程式にかかずらわっていても時間の浪費にしかならないわけだ。

ところで、解があるのはわかったが、解の求め方はわからないという場合、ではどうするかといえば、あとはコンピュータにお任せという形でいいのである。コンピュータのない昔なら、解があるのはわかっても解き方が見つからないのではそれまでだが、コンピュータが発達した現在では、コンピュータで、解に限りなく接近すればいいということになった。

そこで、アメリカの科学者たちは、この微分方程式ならだいたいこれだけ計算すれば解にこれだけ接近できる、だから、これだけの予算があれば実現までに何年かかるか、ということの予測も十分つく。そこで、ケネディに対しても「これだけの予算を俺たちにくれて、これこれの時間をくれれば、こういう宇宙船を開発して、これだけの確率で人間を月に送れます」というふうに公約できたのである。

結局、解けないけれども解があるかどうかはわかる、というのが現代数学の素晴らしさ、恐ろしさなわけで、もっといえば、現代数学の存在問題の考え方があったからこそ、人間が月へ行くことができたともいえるのである。

「存在問題」解決で〝やる気〟を増進させる

この存在問題は、宝探しに類比して考えてみるとおもしろい。たとえば、ジンギス汗(カン)の宝とか義経の秘宝、秀吉の財宝、小栗上野介(おぐりこうづけのすけ)の埋蔵金などというのは、いまだにあるはずだという噂があって、探している人もいる。

ところで、数学的な観点からこの宝探しというものを見てみると、問題が二つある。一体どうやって探すのかという問題がまず一つあるわけだが、それよりももっと根本的には、本当にそういう宝があるのかどうかが問題になる。もし、最初からそんな宝がないのなら、どんなに探したって無駄にきまっている。もし逆に、あるということだけは確実にわかったとすればどうだろう。あとは探し方の問題だけとなり、うまい探し方を見つければ、それだけ宝探しの時間も短縮できる。

たとえば、ゴビの砂漠のどこかにジンギス汗のものすごい財宝が隠されているとする。どこにあるのかはわからないけれど、あることだけは間違いないということが、前述のコーシー大先生のような人が保証してくれたとしたら、探検隊だって奮い起つに違いない。ただし、まだ探検技術の問題は残されていて、十九世紀の探検技術の未熟さでは、ゴビ砂漠に待ちうけている危険に太刀打ちできないかもしれない。しかし、そういうことなら時間が解決してくれるはずである。サブマシンガンが発明され、ヘリコプターが発明されたなら、あとは簡単。サブマシンガンで襲いくる敵をダダダーッとやっつけ、あとは洞穴という洞穴を一つずつシラミ潰しに探していけばいい。おそらく、どのぐらいの予算とどのぐらいの年数があれば、確実に宝は見つけられる、ということが明確に約束できるはずだ。これはまさに、ケネディの「六〇年代の終わりまでに、必ず月に人間を送る」という約束と同質のものである。

ここで、もう一つ有名な例を挙げておこう。第二次世界大戦中、アメリカは、原爆を開発するために、オッペンハイマー博士をはじめとする超一流の研究者を総動員し、マンハッタンプロジェクトをスタートさせた。そして、これが現実のものとなったのは周知の事実である。ところでソ連はこれを見て原爆の開発に着手しはじめたのだが、当時、ソ連の科学技術はアメリカの足もとにも及ばないほど立ち遅れていた。だが「原爆は作れる」という保証が存在していたため、多くの専門家の予想を裏切り、はるかに短期間で核保有国となったのである。

日本におけるペニシリンの開発にも同じことが言える。ペニシリンは、イギリスでの大発見で、第二次大戦中にチャーチルの肺炎を治し、世界中に有名になったのだが、当時、日本はイギリスと比べると薬事技術では月とスッポンほどの差があった。だが、日本の研究者たちは、わずか半年間でペニシリンを開発したのである。つまり、存在問題の解決は、人間の〝やる気〟を恐ろしいほどに増進させる。だからこそ、人に何かを教えたり、仕事をさせたりする場合には、「まずやってみせることが重要だ」とされるのである。

マゼランは確信にみちたハッタリで「存在問題」をクリアした

逆に、存在問題を知らないばかりにひじょうに苦労した例といえば、いわゆる地理上の発見の時代のエピソードを挙げることができる。当時は、物理学者でさえいとも呑気なもので、微分方程式にはすべて解があるだろう、ぐらいに思っていた時代だから、探検家の連中も、コロンブスをはじめとしてきわめて楽天的であり、西へ西へとどんどん行けば、いずれはインドや中国へ辿り着くだろう、と気軽に思っていたようである。

当時の常識からいえば、そもそも地球は丸いと完全に信じられていたわけではなく、あるところまで行けば、滝のようにドッと落下する恐れがある、とまだ考えられていたわけだが……。まあ、いずれにしても、コロンブスが、アメリカ大陸を発見したのは確かであり、アメリゴ・ベスプッチが、「それはアジア大陸ではなく別の新しい大陸である」といったことまでは、周知の事実であった。つまり、アメリカがアジアとは違うということはわかっていた。とすれば、当然のことながら、アメリカ大陸を突破してもう一つの大きな海を渡って行けば、アジアに行き着くはずだと誰しもが考えた。そこで、いろいろな探検家が、北から南から一所懸命にアメリカ大陸を突破して、もう一つの大洋へと向かう航路を探し求めはじめたのである。ところが何とも不幸なことに、アメリカ大陸はあまりにも南北に長すぎた。

そのため、北に行っても南に行っても、どこをどう突破しようとしても、なかなか航路は発見できないままだった。

そんな折に探検家の連中にとってはきわめてショッキングなニュースが届く。バルボアなる男が、パナマ地峡で太平洋を発見してしまうのだ。つまり、太平洋が紛れもなく存在することがもうわかってしまった。そして、その大洋を、どんどん、どんどん西へ向かって行くなら中国があるだろうということも、まず確実に予測された。ところが、肝腎要の、大西洋から太平洋に行くための海峡があるかどうかが、まるでわからなかった。

それで、およそ十年もの間、ものすごく熾烈な海峡探しの競争が起こる。ある人は北氷洋で難破し、ある人はインディアンに殺され、またある人は、ラプラタ川（アルゼンチンとウルグアイの間を流れる大河。全長約三六〇キロ、河口の川幅は二二〇キロに達する）を遡って、これが大西洋から太平洋に行く海峡だろうと信じ、航海を続けたりもした。何しろ、ラプラタ川というのは超大河だから、海峡と間違われても何の不思議もない。しかし、行けども行けども、汲み上げてみる水は淡水で、失望して、ついに探検を断念してしまったという話も残されている。

そういう時に「私は海峡のあり場所を絶対に知っている」と言ったのが、マゼランである。もちろん、これは、確信にみちたハッタリで、知ってるはずなどなかったわけだが、それに運命を賭けた。もし、マゼランがそう断言しなかったら、乗組員たちは「本当に海峡があるのだろうか」という疑心暗鬼に襲われて、「ヤーメタ」ということになっていたかもしれない。

そしてその結果、ついにはマゼラン海峡を発見したわけである。しかし、当時の探検家にとって、最大の問題は何であったのかといえば、大西洋から太平洋へ行く海峡が本当にあるのかどうかということ、つまり存在問題であったのだ。

現在のわれわれなら、マゼラン海峡もあれば、その南にあるティエラ・デル・フエゴ島の外側を回ってもいいし、あるいは逆にカナダの北端を通り抜けて行っても、いずれにしても大西洋から太平洋へ出られる術(すべ)があることは知っている。だから、もし、海峡があることが知られているだけで、まだ渡った人がいないとしても、一所懸命場所を地図で探して、勇気を出して渡ってみればいい。

しかし、マゼランの場合には、ハッタリをかまして、海峡があるとは言ってみたものの、本当にあるかどうかは、まるでわからなかった。

だからこそ、マゼランは、あれほどまでに苦労をしたわけだ。何もわかっていない当時としては、もしかすると、アメリカ大陸が北極から南極まで、ダーッとつながっていることだって考えられる。実際、マゼラン自身、マゼラン海峡を発見する直前に、パタゴニアというところで冬ごもりをし、その際に反乱が起きたりするのだが、そのときの苦労は、太平洋を横断した後、食糧が無くなって死ぬ寸前になったときよりもはるかに辛かった、と言っている。それはつまり、存在問題の悩みだったがゆえに、異常に苦しいものだったのである。

もし、マゼランが探検に出発する前に、彼の夢枕にどこかの神様が立って「これ、マゼランよ、海峡は必ずやある！　ゆめゆめ疑うことなかれ」と告げたとすればどうだろう。マゼランは、どんなに寒かろうと、必死で海峡を探したことだろうから、もっと早く見つけることができたに違いない。とすれば、当然、反乱も起こらなかっただろうし、十分余裕をもって探検を続け、マゼランもフィリピンで殺されることもなく、無事帰国できたに違いない。つまり、存在問題は人の生命までも左右しかねないわけである。

解があるのならコンピュータで無限に接近

さて、ここでもう一度、純然たる数学に話を戻すと、先に述べたとおり、ガウスは、n次方程式（一般に$a_0x^n+a_1x^{n-1}+a_2x^{n-2}+a_2x^{n-2}+\cdots\cdots+a_n=0$　ただし、$a_0 \neq 0$で表わされる）は、どんなものでも、複素数の範囲内で必ず根（こん）を持つということを証明した。そして、アーベルは、五次方程式は代数的方法では解き得ないことを証明した。

これはどういうことかといえば、つまり解は間違いなくある、しかし、その方法では永遠に見つけることはできないぞ、というご託宣（たくせん）なのである。

地理上の発見の話を再び例に挙げて類比していうと、大西洋から太平洋へ行く海峡は間違いなくある、と証明してくれたのがガウス。しかし、その海峡には、巨大な海蛇か、はたまたゴジラか、何か知らないが巨大な怪物がおり、船では越せない、〝越すに越されぬアーベル海峡〟ですよ、といったのがアーベルだということになる。船で越せないことがわかれば、もう当然、船に頼ろうという馬鹿はいないはずで、別の方法を考えるに違いない。ヘリコプターを使おうとか飛行機で越そうとか、あるいは海峡に大きな橋を架けようとか……、まあ、いずれにしても、船以外の適切な方法を見つけ出し、海峡を越そうとするに決まっている。

宇宙船にたとえていえば、こういうことになる。宇宙船を飛ばすための微分方程式に解はある。しかし、その解を積分で求めることはできない。これはつまり、海峡はあるが、船では越えられない、というのと同じことで、だから船以外の方法でやらなくてはいけない。宇宙船の場合、船以外の方法というのは、コンピュータで解に無限に接近することになるわけである。

スペースシャトルに限らず、超音速ジェット旅客機についても、またここ数十年脚光を浴び始めたテクノロジー・アセスメント（技術開発の事前的評価のためのアプローチと手法）についても、すべて宇宙船と同様に、その発端（ほったん）にあるのは、ギリシャ以来発達してきた近代数学における「存在問題」なのだといえる。

2 社会観察にどう応用するか
人間の悩みの根元は、すべて「存在問題」にある

小野小町を口説いた深草少将の徒労

存在問題がいかに重要かは、今まで述べた例でも、もう十分おわかりのことだろうが、さらに卑近な例として、次に小野小町の問題を採りあげてみよう。小野小町と数学と、いったいどんな関わり合いがあるのかと訝る向きも少なくないかもしれないが、実は、本質的な問題において、ひじょうな類比関係にあるのである。

小野小町といえば、〝アイ　わっちゃ小町さなどと　ついと立ち〟という川柳もあるとおり、昔から穴のない女として有名である。また、穴のない針を〝待針〟というが、これは〝小町針〟がなまったものだ、という説もある。

とすれば、たとえどんなに美人であっても果たして口説く気が起こるだろうか

……？　多分、まず起こらないに違いない。いくら一所懸命口説いたところで、その恋は最終的に完結することはない。だから彼女のもとに九九夜もかよい、結局、雪の中で空しく死んでいった深草少将（ふかくさのしょうしょう）に、古来、多くの同情が集まったわけである。

ただし、小野小町には穴がないという噂はあるものの、誰一人として実際に確かめた男はいない、ということになればどうだろう。世の男どもは、何よりもまず、果たして小野小町には穴があるのかないのかを、必死になって確かめようとするだろう。つまり、これも存在問題である。穴がないとわかれば、いま言ったとおり、わざわざ口説く馬鹿はいない。言い換えれば、肉体的に正常な男にとっては口説くことに意味がない。

逆に、ともかく穴があることがわかったとすれば、あとは口説き方だけの問題で、それじゃあひとつ口説く方法を考えてみようか、ということになってくる。

しかし、皮肉なことに、アーベルのような人物がいて、「あの女は確かに穴がある。しかし、口説いてもけっして落ちることはない」ということを証明したとすればどうだろう……？　それでも、その女性をどうしてもものにしたければ、口説く以外の方法を探すしかないのは明らかだ。たとえば、無理やり引っさらうといった具合に。

　これは、いわば微分方程式の解を積分法では求めることができないから、コンピュータで解に強引に接近しようというのと同じことで、その意味では、コンピュータというのは強姦手段のようなものだとも言える。ただし、コンピュータでは、本当の解ではなく近似値までしか出せないということも忘れないでもらいたい。


　また、さらにいえば、もし強引に引っさらおうとしても、柔道何段、空手何段とかいう屈強な家来たちがズラリと取り巻いて守っていたとすればどうするのか。それではこちらもこれこれの人員を確保して、その連中を引き連れて乗り込んで行けばいい、ということになる。

　これがすなわち、テクノロジー・アセスメント。結局、ケネディが言ったことだって「こうすれば、月世界だってモノにできるし、そうするまでにはこれこれの時間がかかる」ということで、内容的には、これと何ら変わりがないのである。

教科書には、解のある方程式だけが選ばれている

まあ、現実的なことでいえば、小野小町のような人は例外中の例外で、女性というのはまずほとんどの場合、穴を持っている。だから、口説きの方法さえ工夫すれば何とかなる。しかし、方程式の場合には、穴ならぬ解(かい)がないことが多く、しかも、もし解(かい)があったとしても、口説きでは駄目だというケースが圧倒的に多い。

そんなことを言うと「そんなはずはない。教科書に出て来る方程式を自分は全部解いたんだから」などと反論する人も出て来そうだが、それはたまたま、教科書には解のある方程式ばかり選んで載せている、ということにすぎない。

つまり、数学の問題にしても人間が発見してきたものであり、そのかぎりにおいて、実人生と基本的な相違はない。すなわち、〝一寸先は闇〟であり、解答が用意されていないのが普通なのである。だから、教科書に載っている方程式の問題などというのは、いわば口説けば必ずなびく商売女を並べた昔の遊廓(ゆうかく)のようなものである。彼女た

ちは、その道のプロなのだから、金さえ出せばＯＫにきまっている。しかし、プロが口説けたからといって、一般のお嬢さんまで楽々口説けると思ったら大間違いだ。まったく同様に、教科書にある解ける方程式にだけ慣れすぎたのでは、解けない方程式に出会ったとき、右往左往するばかりで、どう対処してよいのかわからなくなる。

本来ならば、中学一、二年生の段階で、方程式が必ず解を持つとは限らないということをきちんと教えて然るべきなのだが、どうにも数学教育が十分行き届いていないとみえて、方程式が出れば必ず解を持つ、と思っている学生が圧倒的に多い。

教師のほうも教師のほうで、もし学生が「この方程式には解がありません」などと言おうものなら、「それは君の努力が足りないからだ」と決めつけたりすることが多く、これではどうにも始末におえない。

とにかく、微分方程式にしろ何にしろ、方程式は必ず解を持つとは限らず、むしろ解を持たないほうが普通なのである。また、解があっても、求める方法がないために、近似値しか求められない場合もある。

だから、コンピュータがない時代の古典的な物理学者で名を成した人は、解があって、しかも積分によって解くことができる微分方程式にたまたま出会う、という幸運に恵まれた人物ばかりであると言ってよい。いわば、口説きだけでうまくいったわけだ。それに対して、口説きでは絶対落ちない女性を、それと知らずに口説いて口説いて口説きまくって、結局、みじめに振られたとか、あるいはもっとひどい場合には、もうちょっと口説く勇気があれば落ちたはずなのに、不運にしてそれが見通せず、みじめに振られたとかいうケースも多かった。そして、こうした物理学者は、後世に名を残すことができずに終わってしまうわけである。

ガウスやガロアは、なぜ天才数学者といわれるか

ここで、方程式は必ずしも解を持つとは限らないことを実感してもらうために、その実例を挙げてみよう。たとえば、$x=\sqrt{x^2+1}$ という方程式はどうだろう。数学が苦手という人でも、こんなのはすぐにわかるはずで、両辺を二乗してみるといい。すると$0=1$ という奇妙な結果が起こってしまうわけで、つまり、解がない。

それもそのはず、幾何学的にいうと、右辺（$y=\sqrt{x^2+1}$）は四五度線を漸近線（ぜんきんせん）とする双曲線であり、左辺（$y=x$）はまさしくその四五度線なのだから、両線は交わるはずがない。つまり解はありえないということだ。

同様に、$\sin x=2$という三角関数の方程式だって、そもそも、$-1 \leqq \sin x \leqq 1$なのだから、解を持ちようがない。また、連立方程式で考えてみても、$2x+3y=2$…①　$4x+6y=5$…②　という場合はどうだろう。①式を2倍したものから②式を引き算してみれば一目瞭然なように、$0=-1$となってしまうから、これは当然、解を持たない。つまり、解を持たない方程式の例など無数に挙げられるわけである。

したがって、n次の整方程式（$a_0x^n+a_1x^{n-1}+a_2x^{n-2}+a_2x^{n-2}+\cdots\cdots+a_n=0$　ただし、$a_0 \neq 0$）が、果たして解を持つのかどうかということも、ガウスが出て来るまでは、誰にも確信は持てなかった。また、一次方程式の場合には、$2x+1=0$という一例を見てもわかるとおり、係数が自然数でも、解は分数にもなるわけで、自然数の範囲で解けるとは限らない。二次方程式にしても係数が実数だからといって、実数の範囲で解けるとは限らない。

つまり、ｎ次方程式に、もし解があるとしても、それが複素数の範囲内にあるかどうかということもはっきりしなかった。その解は複々素数か、複々々素数などというものかもしれないし、あるいはもっと複雑なものである可能性もあったわけで、まったく予想すらできなかった。

ところが、そこがガウスの天才中の天才たる所以（ゆえん）なのだが、彼は、一〇〇次であろうが一〇〇〇次であろうが、一〇〇万次であろうが、とにかく任意のｎ次方程式は、複素数の範囲内で必ず解を持つということを証明したのである。

解があるということを証明するだけでも大変なことなのに、その解は複素数の範囲内だという特定までしたのだから、これは文字どおり天地を揺るがすほどの大定理だと言ってよい。地理上の発見でいえば、大西洋から太平洋へ行くための海峡は必ずあるというだけではなく、その海峡はアメリカ大陸のどこにあるか、というところまで突き止めてくれたようなものなのだ。

さらに数学史的に見ていくと、ガウスに次いで現われた天才が、ガロアというフランス人である。彼はわずか二十一歳という若さで、決闘によって生命を絶つという情熱的な生き方をした男でもあったが、このガロアは任意に与えられたn次方程式について、代数的に解けるための必要かつ十分条件を求めたのである。必要十分条件については3章で詳述するが、簡単にいうと、このガロアの定理を使えば、どんなn次方程式でも代数的に解けるか解けないかが一目でわかるというものなのである。

そして、それはつまり、さきほどの女性を口説くことに関連して言えば、任意の女性が与えられた場合に、その女性が口説けるかどうかをまず見抜き、口説けるとすれば、その女性をどう口説けば確実にものにできるか、という必要十分条件を見つけ出したということに当たる。これが、どれほど価値のあることかは、もうおわかりのことだろう。口説きのテクニックに関しては、さすがフランス人、ガロアは抜群の腕前で数学を口説き落としたのである。

経済学における「存在問題」とは何か

ここで、もう一度、存在問題を要約してみると、存在問題には二つあって、一つは果たして存在するのかどうか。もう一つは、存在するとして、与えられた方法で解を見つけることができるかどうかということである。そして、この二つは、別な問題だということ。つまり、存在するとしても、与えられた方法では解は求め得ないといった皮肉な結果も、十分生じ得るということだ。

しかし、解は求められなくとも、コンピュータでその解の近似値が求められれば、さきほどから述べているとおり、宇宙船も飛ばすことができ、存在問題の現実的解決をみることができるわけだ。そして、このような存在問題が明確になることで進歩した他の分野はといえば、まず理論経済学を挙げることができよう。

理論経済学といえば、その始祖のワルラス（一八三四～一九一〇年）の名前を忘れるわけにはいかない。理論経済学のシステムは連立方程式で表わせますよ、といって「一般均衡論」を著わしたのが、彼なのである。そして、その連立方程式が解を持った場合に、理論経済学においてはシステムが決定されたとされる。しかし存在問題的に言えば、連立方程式には必ず解があるとは限らない。たとえば、さきほども例に挙げた$\{2x+3y=2 \quad 4x+6y=5\}$という連立方程式は解を持ち得ない。また、たとえ解はあるとしても、$\{2x+3y=1 \quad 4x+6y=2\}$という連立方程式のように、解が無限にたくさんあるということだってあり得るのだから、問題はその先にあることがわかる。

つまり、理論経済学において、解を求めるとは、価格を決めたり国民所得を求めたりすることだから、解が二つ以上、たくさんあっては困ってしまう。たとえば、価格が二通りあるなどといったら、それは価格としての用をなさない。したがって、理論経済学においては、ただ単に解があるというだけではどうしようもない。その解が一義的、絶対的でなくてはならない。

それからもうひとつ、解が一義的であるというだけではまだ不十分で、解がミーニングフル、つまり意味を持つということも必要となってくる。たとえば、価格を求めようとして連立方程式を解いたところ、解が全部ゼロなどと出てしまったのでは、もう意味がない。これは、すべての商品が自由財（経済活動の対象にならないもの、たとえば空気、海水、太陽光など）だということになってしまうから、資本制社会は成立し得ないことになる。まして価格が虚数にでもなったら、さらにどうしようもない。繰り返せば、理論経済学における解は、経済学的に意味のあるものでなければ、文字どおり意味がないのである。

以上をまとめると、理論経済学における解の存在問題とは、解が存在し、しかも一義的で経済的に意味を持たなくては困るということになる。この理論経済学における解の存在問題を言い出したのが、数学者や物理学者としても偉大な業績を残したフォン・ノイマン（一九〇三～五七年）だった。

彼は、ワルラスの「一般均衡論」も、解の存在問題を吟味しなくては意味がない、ということを経済学者に提起したのである。これは一九三五年のことなのだが、当時の経済学者は数学を知らなかったために、そのノイマンの論文の意味がわからなかった。そして、その意味の重大さがわかり、経済学者たちの間で蜂の巣を突いたような大騒ぎが起こったのは、ようやく一九五四年になって、アローという学者により、もう一度、問題提起されてからのことであった。

そして、半世紀たった今でも、この解の存在問題は、理論経済学の一つの中心テーマになっているのである。

さて、次に考えてみたいのは、経済現象において、存在条件を満たさない、言い換えれば、連立方程式が解を持たないとはどういうことか。

簡単にいえば、片方の方程式は満たすが、もう片方の方程式は満たさない。つまり、こっちを満たそうと思えばあっちは満たさない、あっちを満たそうとすればこっちは満たさない、ということである。要するに、両方を同時に満たす解がないというわけだ。

たとえば、さきほどから解がない例として挙げている$\{2x+3y=2 \quad 4x+6y=5\}$という連立方程式にしても、両方の方程式を同時に満たす解がないということだけであって、$2x+3y=2$ だけを満たす解はいくらでもあるし、$4x+6y=5$ だけを満たす解もいくらでもある。

これを経済現象に当てはめて言えば、こっちのマーケットを満たす価格はある、あっちのマーケットを満たす価格もある、ただし両方のマーケットを同時に満たすような価格はないということなのだ。

社会学における「存在問題」とは何か

これを社会現象に当てはめてみれば、東映のヤクザ映画を思い出してもらえばよくわかる。いったい、あのヤクザ映画というのは、なぜあれほどまでに受けたのか？　ヤクザの悲劇とは論理的にいえばどういうことか？　はたまた〝背中で泣いてる唐獅子牡丹〟というが、どうして唐獅子牡丹は泣くのか、なぜ笑わないのか？

以上の質問は、いわば社会学における存在問題なのだが、連立方程式を想定すれば、これはすぐにわかる。一本の方程式は、ヤクザの世界だけに当てはまるもので、もう一本の方程式は一般社会にだけ通用するものである。もしヤクザの世界にだけ通用する解を見つけようというのなら、それは簡単である。逆に、堅気になって一般社会の中で通用する解を見つけようというのも問題はない。しかし、一般社会で生きたい気持ちもあり、ヤクザの世界も捨てられない、つまり、両方の方程式を同時に満たす解がほしいのだが、それが存在しない、という状態なのである。しかし、その解はなく、泣く泣く一般社会には背を向け、ヤクザの仁義に生きようということになり、背中が悲しい。そして、悲しくて泣いてる唐獅子牡丹に、論理の理解できない女性たちはよけいに魅かれるという図式にもつながる。

『唐獅子牡丹』の歌詞には〝義理と人情を秤りにかけりゃ、義理が重たい男の世界〟という一節があるが、この歌詞に関連させていえば、義理だけ満たす行動はある、人情だけ満たす行動もある。しかしながら、義理と人情を同時に満たす行動はないというわけで、ヤクザはやっぱり義理に生きざるを得ない、ということになってしまう。

歌が出て来たついでにもう一つ言うと、日本人に最も人気のある侠客、吉良仁吉の心情を唄った歌、『妻恋道中』に〝惚れた女に三行り半を、投げて長脇差永の旅、怨むまいぞえ俺らのことは……〟とあるが、これだってまるっきり同じことで、人情を捨てて義理ある行動を選択したということだ。結局、ヤクザ映画のテーマは、突き詰めるとすべてこの〝義理と人情の板挾み〟、さらに深刻になると〝ヤクザの規範と社会的規範の板挾み〟というところに行き着くわけだ。そこでヤクザは進退谷まって、背中に哀感が漂う。その哀感に女はコロリと参ってしまうのであり、したがってヤクザに女はつきものとなる。

それに対して、堅気のサラリーマンはといえば、ヤクザに比べれば解ける方程式ばかり解いているようなもので、背中に哀感どころか緊張感すら漂っていない者が多い。よく、「あんなヤクザな男がもてて、なぜ俺がもてないのか」という恨み節を漏らす真面目な堅気人間がいるが、それはいたしかたのない問題なのだ。つまり、総体として、彼らは女心をくすぐる要素がヤクザな男より少ない存在なのだから。

日本の社会学者は、こういったヤクザの問題に対して口を出したりせず、知らん顔をすることが多いが、それは数学の知識がまるでなく、したがって数学的な発想がまるでできないことと無関係ではないだろう。これに対してアメリカの社会学者は、アウトローの問題に敢然と取り組む。というのも、ヤクザの世界の有様など存在問題としてとらえてしまえば、アウトラインは一発でわかってしまい、必然的に研究の方向が明確になるためである。

２章で、数学が扱う対象というものは、数字に限らず、集合になり得るものなら何でも取り扱うということを述べるが、なんと、今述べたような、ヤクザの世界までも数学は取り扱うことができるのである。

平重盛とロミオとジュリエット

社会学における存在問題の例をもう少し挙げてみよう。それは、平重盛（たいらのしげもり）が「忠ならんと欲すれば孝ならず、孝ならんと欲すれば忠ならず、重盛の進退ここに谷（きわ）まれり」と言って嘆息したという有名な話である。つまり、重盛は親である平清盛（きよもり）と主（あるじ）である後白河法皇（ごしらかわほうおう）との対立の板挟みに悩んだ。そして、親への孝行と国家の主への忠誠を両立する道が閉ざされた状況へと追いやられたわけだ。それにもかかわらず、忠臣であると同時に孝子（こうし）でありたいと望んだ重盛は、ついにどうにもしようがなくなり、ノイローゼになって若くして死んでしまったのである。

存在問題で悩むという形は、なにも日本社会に限ったことではなく、欧米社会にだって当然ある。そのいい例が、有名なロミオとジュリエット。ロミオにしてもジュリエットにしても、自分の家の家族的要請だけにマッチする行動なら当然あり得る。恋仲を解消しさえすればすむことなのだから。それから逆に、恋を成就せしめる行動だってあり得る。家を飛び出しさえすればいいのだ。しかし、家族ともうまくやり、しかも結婚に到るという両方を同時に満足せしめる行動というのはあり得ない。

そこで、二人の男女の情熱はどんどん燃え上がっていく。考えてみると、情熱とは、存在しない解を存在させようとするためのエネルギーだともいえそうである。すなわち、情熱論は、存在問題の中に組み込まれているのである。

人間の生き方を座標軸でとらえる

ここで、問題をわかりやすくするために、人間の生き方をグラフに描いて、存在問題の説明をしてみたい。x軸は、リスペクタブル（つまり、社会的規範に忠実）かどうかの基準とし、y軸は、生きるか死ぬかということの基準とする。

そうすると、まず第I象限は何かといえば、x軸もy軸もプラスであり、堅気で生きることになるから、ごく正常な社会生活を営んでいることを意味する。

第Ⅱ象限はｘ軸がマイナスでｙ軸がプラス、つまり生きるためには、社会的な部分を捨てなければいけない状態であり、たとえばヤクザの世界。

第Ⅲ象限はちょっと後回しにして、第Ⅳ象限を先に考えてみると、これは堅気のまま死のうというのだから、いわば自殺、心中の世界といえそうである。

さて、では第Ⅲ象限だが、これは死んでもまだヤクザ、あるいはヤクザのままで死ぬということで、たとえば、死を覚悟で、たった一人でも敵対する親分に殴り込みをかける鉄砲玉のような奴とか、あるいは社会的規範を破り、死を賭しても主義を貫くという極左、極右の連中とかを指すことになるだろう。

さて、ここで社会現象における解の存在問題をあらためて考えてみると、まず解があるかどうかというのが第一であり、第二には、その解が一つしかないのか、それとも二つ以上あるのかが問題となる。そして第三には、その解がどの象限にあるかが問題になってくるわけだ。

具体的に言うと、もし、社会的にきちんと生活を営むうえで、何らかの問題を解決しようというのなら、第Ⅰ象限内に解を持たなくては意味がない。ところが、ヤクザ

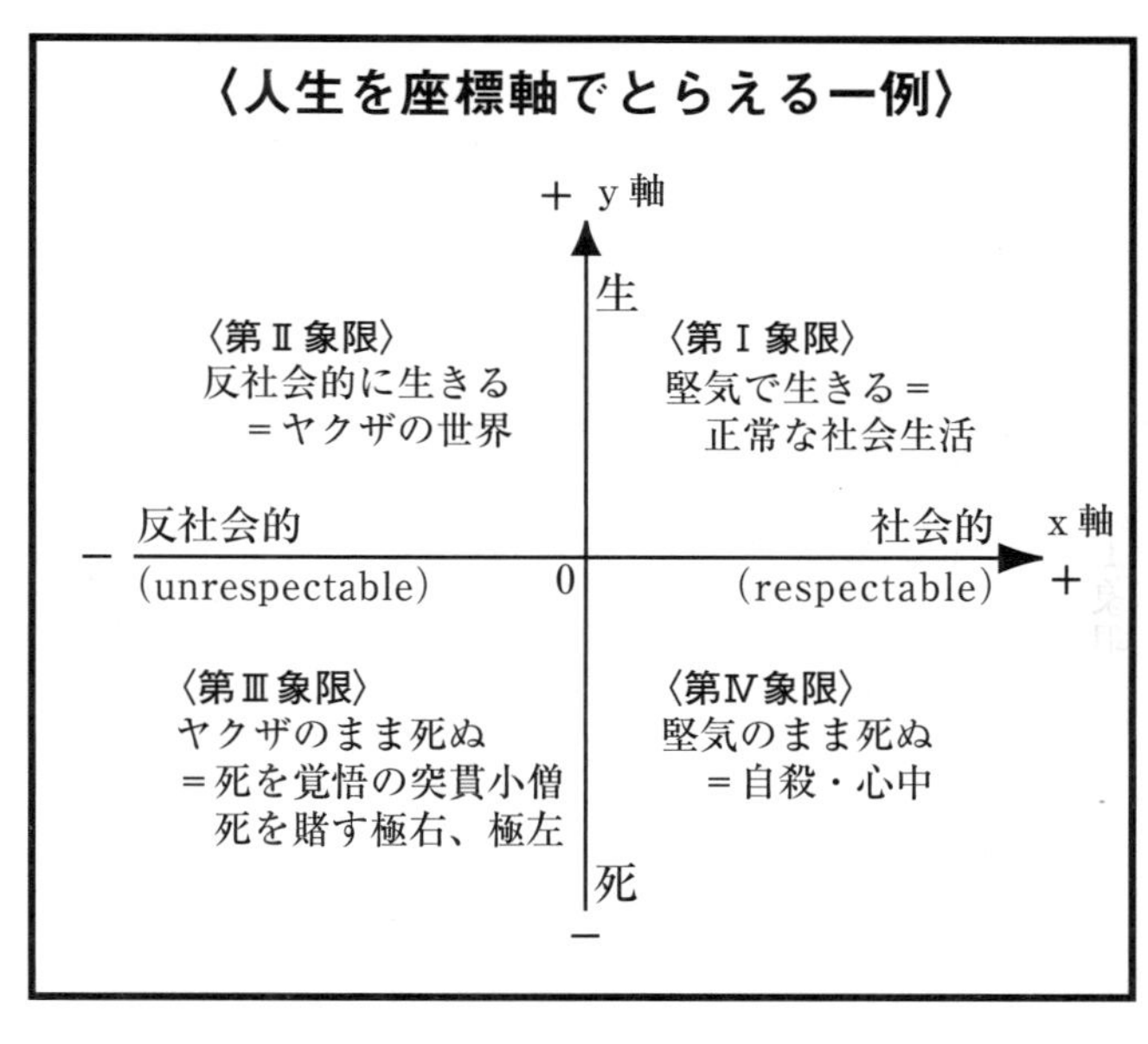

のように義理と人情の板挟みという問題になると、大抵は、第Ⅱ象限に解を見いだすしかない。もし、それをどうしても第Ⅰ象限にシフトさせようということになれば、それ相応の情熱が必要となってくるし、また、持ってきそこなって、第Ⅲ象限か第Ⅳ象限に落ち込み、死んでしまうことだってあり得る。

ロミオとジュリエットの例で言えば、終幕間近に、ジュリエットは第Ⅳ象限にある無意味な解決策を、第Ⅰ象限の意義のある解決策にシフトさせるいい方法を見つけ出した。つまり、自分が仮死状態に陥ることで、両家の間の桎梏を取り除こうとしたわけだが、残念ながらロミオにはその意味がわからなかったために、すれ違いが起きてしまい、結果としては、第Ⅳ象限での無意味な、つまり最も悲劇的な心中事件に終わってしまったわけである。

社会現象は数学的発想で大摑みにできる

ところで、今はユークリッド平面に座標軸をとっていろいろと考えてみたのだが、これを射影空間にすると、またおもしろいことが発見できる。

射影空間とは、プラスの無限大とマイナスの無限大が同じ点だというもので、わかりやすくいえば、座標軸を地球儀の上に採ったときのことを考えてみるとよい。赤道と子午線をx軸、y軸と見立てればいいのである。

そして、まずx軸、y軸に注目してほしいのだが、x軸のほうは、どんどん右へ向かって行ったのと、どんどん左へ向かって行ったのとは、最終的に一致し重なりあう。

これは何を意味するのか。たとえば渡部昇一氏に「甲殻類（こうかく）の研究」（『正義の時代』／文藝春秋刊に収録）という名論文がある。これは右翼と左翼はともに全体主義であり、その行動様式は窮極において同じだということを洞察したものだが、それと同じことが、この射影空間によるx軸の観察でもわかるわけである。実際、現在、すでに新右翼と新左翼とが異常接近をしているということも耳にする。

次にy軸のほうだが、これは、生と死が最終的に一致するということを示している。いわば、死んで生きる。身を捨ててこそ浮かぶ瀬もあれ、という境地だろう。そういえば、特攻隊も、死を覚悟した出撃直前に最も生きがいを感じたというし、女性が生の極限ともいえるオルガスムスを感じた際に発する万国共通の言葉も、思い出される。

さて、ここで、地球儀にもう一度、目をやってみると、日本は第Ⅰ象限にいると考えられる。勤勉な経済発展国、日本はやはり堅気の領域ということだろう。またアメリカは、ベトナム戦争以前は最も第Ⅰ象限的国家であったが、現在では、モラルの面でも経済面でも、翳（かげ）りを見せはじめ、第Ⅰ象限にまだ属してはいるものの、x軸、y軸ともにゼロに近づいているといえるのかもしれない。また、第Ⅱ象限に当たるヤクザの世界はどこかといえば、ちょうどアイルランドの辺り。実際、ヤクザの抗争めいたことが起こっているではないか。

第Ⅲ象限、つまりヤクザで経済面もメチャメチャという一番どうしようもないのが、アフリカや南アメリカの一部の国家。たとえば、アフリカではアミンのような狂気の独裁者も出たことだし、南米諸国ともども、右翼と左翼の主義主張の対立はひじょうに激しい。

最後に、心中の領域の第Ⅳ象限だが、ちょうどインドが思いだされる。人類文明の発祥の地であり、かつて最も繁栄した国だが、現在では第三世界に属し、また自ら動乱を起こすようなエネルギーも存在しない。

いま述べた世界観察は、読者にわかりやすく説明するためのもので、まあ、数学的発想を使った一種のお遊びでしかなく、これを社会学にするには、それこそ多方面からの検討や厖大なデータの処理等々、学問的なアプローチが必要だ。しかし、大雑把な観察眼、だいたいの見当をつけるのには、けっして無駄ではない。つまり、たとえ初歩的ではあっても数学的なものの見方をすれば、社会現象であっても、ある程度客観的に、しかもずいぶん整理して観察できるわけである。

つまり、数学とは単なる計算の技術ではなく、物事をとらえる際の発想の源になっているということが、おわかりいただけたのではないかと思う。

第2章 数学的思考とは何か

〈集合論――数学の本質〉

――日本人が世界で通用するための基本要件

1 「論理」の国と「非論理」の国

なぜ、日本型行動様式は諸外国に理解されないのか

数学は気合いで理解できる

とかく数学には〝むずかしい〟というイメージがつきまといがちだが、数学というのは、「わかる」と思い込めば、案外簡単にわかってしまう。つまり、まず気合いが大切なのである。

例を挙げると、徳川時代においては、割り算は高等数学であって、割り算のできるような女の子は生意気で嫁の貰い手がないと言われたりした。ところが、明治時代にはいると、割り算などはもう高等数学でも何でもなくなって誰でもできる。

では、明治時代の高等数学とは何かといえば、三角関数。一高の『デカンショ節』にも「理科の頭を叩いてみれば、サイン、コサインの音がする、文科の頭を叩いてみ

れば、デカルト、カントの音がする」とあるように、当時は、三角関数がデカルト、カントに匹敵するほどのむずかしさであった。

しかし、三角関数だって、昭和初期には中学生程度で誰でもわかるようになり、今度は、微分・積分が〝微かに分かって、分かった積りになる学問〟などといわれて高等数学の位置に伸し上がったわけだが、戦後ではもう高校生がたやすく理解できるものとなった。というわけで、高等数学だって時代がたてば万人に理解されるものになっていく。言い換えれば、数学とは質の悪い犬と同じで、怖い怖いと思っていると向こうが跳びかかって来て噛みつかれてしまうが、こっちが「何だ！」といって睨みつけると、相手はおとなしくなる。つまり、気合いでわかることができるものなのである。

現代の高等数学を挙げると、位相数学（トポロジー）、ルベーグ積分、抽象代数学などということになるが、これらの基礎はすべて集合論にある。しかも、経済学にしても、心理学にしても、社会学にしても、はたまた人類学にしても、現代高等数学の発想の強い影響力を受けており、たとえ学問とは無縁だと思っている人でも、間接的にではあるが、必然的に高等数学のお世話にならざるを得ないのが現代社会なのである。

それに、集合論といえば、今や幼稚園の子どもにすら教えているものであり、理解はいたって簡単。逆にいえば、集合論の基本さえ理解できれば、現代数学の発想のエキスはすべて吸収できるわけだ。

まあ、集合論の効能書きはともかく、気楽な気分で読み進めてもらいたい。

「駅前の大衆」は集合ではない

まず覚えておいてもらいたいのは、かつて数学は数字しか取り扱わなかったのに対し、現代数学ではいかなる対象も取り扱うということ。ただし、当然取り扱い方に限定がある。すなわち、集合として成り立つものだけを扱うのである。

では、集合として成り立つか否かのけじめはどこにあるのかというと、ある要素が集合に属しているのかどうか、ということが一義的にわかるのか、わからないのか、というところにある。つまり、それがわからなければ集合とはいえないわけで、いわば、集合とは、マフィアの集団みたいなものだともいえる。なんとなれば、マフィアの集団というのは、仲間かどうかの区別をひじょうに厳格に規定しているからだ。それに対して、集合でないものの代表は、たとえば「駅前の大衆」がそうだろう。いったい、どこからどこまでが駅前の大衆であり、どこからはそうでないのか、という区別が誰にもつけようがないのだから。

それでは、美人というのはどうだろう。集合といえるかどうか……？　答えは当然ノーである。ある一人の女性を美人だと思う人もいれば、ブスだと思う人もいるのだから、これでは集合を形成しようがない。もっとも、〝美人指数〟なるものが存在し、その指数が一五〇以上の女性を美人と定めるなどといった規定でもあれば、話は別なのだが。

もうひとつ例を挙げると、大人（おとな）とか子どもというのは集合にはならない。これまた、どこまでが大人で、どこまでが子どもかという区別がはっきりしない。ただし、民法上の規定による「成年」ということになれば、これはもう立派な集合になる。満二〇歳以上と、きちっと定められているからである。

さて、どういうものが集合として取り扱えるかは、だいたいおわかりいただけたかと思うが、集合論ではもうひとつ大事なことがある。集合を考える場合には、何となく漠然と考えるのではなく、初めに大きな集合のようなものを考えておくということで、これを「全集合」、または「全空間」と名づける。

空間とは、英語でいうと〝スペース〟となり、どうも宇宙空間のようなイメージを喚起しやすいようだ。だから、私がアメリカの大学院で経済学の講義をしたときにも、〝商品空間〟という言葉がなかなか理解されなかった。「商品があれば、空間はないんじゃないのか？　空間とは商品がないことを言うわけで、商品があれば空間ではない」といった質問も出てきたぐらいである。実際には、ここでいう空間とは集合の意味であって、〝商品空間〟といえば、単に、商品の集まり、という意味でしかないのである。

全空間、全集合というものを具体的に理解するには、「男」という集合と「女」という集合に対する全空間は「全人類」、もしくは「全日本人」であるという例を挙げれば十分だろう。そして、この場合、「男の集合」、「女の集合」ともに、全空間の中の「部分集合」と呼ばれる。また、集合とそれに対する命題の関係については、5章で詳述するが、ここでは、全集合とは何か、集合とは何かをまずおさえていただきたい。

次に知っておいてほしいのは、現代数学においては、「論理（ロジック）と集合とは、まるで同じものを指す」ということである。論理といえば、かのアリストテレスが作りあげた形式論理学が始まりで、十九世紀の末にヒルベルトというドイツの有名な大数学者がそれを記号論理学という形に洗練し、現在に至っている。そして、その記号論理学の構造は、集合論の構造とまったく同じなのである。言い換えれば、集合論の議論が展開できるというのは、論理学が展開できるということでもある。

現代においては、数学イコール集合学であり、集合学イコール論理学なのである。これが、数学の基本的前提であって、現在の段階の数学のもっともリファイン（洗練）された形態なのだが、その萌芽というか起源は、古代ユダヤ教とギリシャに求められるのである。

もちろん、インドや中国においても論理の萌芽のようなものは見られたが、近代西欧社会において完成を見た論理＝数学にまでつながったのは、古代ユダヤ教（ヘブライズム）と古代ギリシャ（ヘレニズム）なのである。

それに対して、論理ないしは数学的考え方が見事に欠落しているのが日本であり、その意味で日本人とは、なんとも珍しい人種だと言ってよい。

ユダヤ教の食物規定に貫徹する集合の論理

では、古代ユダヤ教と日本的な考え方との違いを具体的に見ていくことにしよう。山本七平氏も、つとに指摘されることだが、古代ユダヤ教の場合には、日本人の宗教観とは根本的に異なっており、神との契約と宗教の内容とが、まったく一致している。しかも、この神との契約が、すなわち社会的な規範であり、のちに法となって定着する。ところが、日本ではどうかといえば、神との契約という概念が、古来、そもそも皆無である。だから、西洋的な法という考え方もなければ、規範という考え方もない。

では、ヘブライズムに基づく契約という考え方は、どこに特徴があるのか。それは、契約によって規定されているのか、規定されていないのかが、はっきりと峻別されていることにある。つまり、契約しているようでもあり、していないようでもあるといった曖昧なことは絶対にあり得ない。そしてこれは、集合論の論理とまったく同じものなのである。

　また、ユダヤの法においてもこの間の事情は同断であり、法で禁止されているか、禁止されていないかのどちらかである。だから、ユダヤ社会では、規範によって禁止されているようでもあり禁止されていないようでもある、などといった事態はいっさい起こり得ない。

　それは、旧約聖書の『申命記』や『レビ記』に記された食物規定を見ればよくわかる。これは典型的なもので、これこれしかじかのものは食ってはならないということが、実に明確に規定されている。たとえば、蹄が割れていない獣、水の中に棲む生物で鱗のないものは食ってはいけない。とすれば、牛は蹄が割れているから食ってよし、羊もよし。豚は蹄が割れていないから食ってはいけない。魚についてはどうかといえば、マグロは鱗があるから食べてよろしい、サンマもよろしい。ウナギは駄目、イカ、タコ、貝類はもちろん駄目、ということになる。

　それに対して、中国の場合には食物規定がまったくない。極端な話、人間だって食べていい。それが証拠に、古代中国から清朝に至るまでの王朝の正史の中にも、人間の料理法の記述がきちんと載せられている。『史記』にも、春秋五覇のトップである斉の桓公が、お抱え料理人のチーフで、当時料理の神様のように思われていた易牙に「わしは今までいろんなものを食ったが、赤ん坊の蒸し焼きはまだ食ったことがない」といったところ、自分の息子を蒸し焼きにして供したという話があるし、『三国志』にも劉備玄徳（のちの蜀漢皇帝）が、ある人の許を訪れたところ、その人は自分の妻を殺し、その肉を煮て劉備玄徳をもてなしたということが書かれている。

このように、人間でも食べていいのだから、まして犬、猫、鼠……、何を食べたって構わないというのが古代中国の社会であった。

こんな具合に、ユダヤ教では食物規定が、ビシッと決められており、逆に中国では食物規定が一切ないわけだが、ともにきわめて論理的な社会といえる。つまりユダヤ社会の場合、食物ひとつを採ってみても、全食品を食物規定によって厳密に区別しており、これを数学的に見れば、食物全体という「全集合」と、食物規制によって食うことを禁止されている食物という「部分集合」がきちんと決められた社会ということができる。また中国の場合には、何を食べてもいいわけで、食べてはいけない食物に関する部分集合は空集合（要素が存在しない集合）なのである。

食物規定があるようでない日本

ところで、わが日本においてはどうか。日本の食物規定というのは状況により、環境によりコロコロ変わる。たとえば、徳川時代の食物規定でいうと、四つ足は食べてはいけないと一方で言い、他方では、兎は一羽二羽と勘定するから食べてもいいとか、猪も山鯨と呼ばれるからいいとか、とにかく曖昧なのである。

もちろん、兎と猪に限っては例外であるということがはっきり記されているなら、それはそれで集合の論理にもなる。しかし、たとえば、牛でも彦根牛のように、状況によっては食べてもいいなどということになれば、これはもう目茶苦茶だ。彦根の井伊家は、ときどき牛の味噌漬けをいろいろな殿様に贈って喜ばれたりしているのである。

十五代将軍になった一橋慶喜の場合も、一つの典型だが、彼は、将軍の候補者としてたいへんに有力な地位にいたにもかかわらず、豚が大好きでジャンジャン食べていた。そこで、豚を食うような奴は将軍にできない、という老中の強い反対を受けたりした。しかし、それでも結局、将軍になったわけで、江戸時代の〝四つ足を食べるべからず〟という食物規定は、豚などを食う奴は何となく気色(きしょく)が悪い、という程度にすぎず、ユダヤ社会のごとく〝豚を食う者は将軍になるべからず〟というように、きちんと定められているわけではない。言い換えれば、豚は食ってもいいようであり、食ってはいけないようでもある。つまり、こういった社会では、数学的な集合という概念は成り立たない。

　では、現代ではどうかといえば、いちおう犬や猫は食べてはならないという食物規定は存在する。サラリーマンや学生が、犬や猫をつかまえて、アパートで料理しているところを見つかったら、まず確実に追い出されることだろう。しかし、それが論理的なものかといえばそうではない。たとえば、大学のコンパの闇鍋(やみなべ)か何かで、犬の肉を食べたことが公(おおやけ)になったとしても、それを殊更(ことさら)にとがめだてされることもない。だから、日本には食物規定があるようでもあり、ないようでもある。つまり日本とは、論理、あるいは数学的な概念のない社会なのである。

禁止されていなければ何をしてもいいユダヤ教

前にも述べたことだが、古代ユダヤ教においては、契約が法であり、法が規範であり、それがまた宗教の内容でもあるわけだから、神との契約は、契約されているのかいないのかが一義的に、つまり、誰の目にもすぐわかるように明確に規定されている。たとえば、「割礼（かつれい）」や「十分の一税」などがその代表で、割礼をすべしと規定されておれば、ユダヤ人であるかぎり必ずしなくてはいけない。痛いから嫌（いや）、などということは絶対に認められない。もちろん、十分の一税にしても同様である。十分の一税というのは、いかなる場合も収入の十分の一を、基礎控除も減価償却控除も一切（いっさい）なしで、税として納めなくてはいけないという規定であるから、納税者にとってはかなりの負担といえる。

そこで、多くのユダヤ人は「十分の一税を納めるのは苦しい苦しい」と、しょっちゅうぼやいているが、それを聞きつけたある日本人はこう尋ねたそうだ。「あなたは、今までずっと十分の一税を必ず納めていたんですか?」すると「はい、今まで一度として納めなかったことはありません」と答えた。そこで、日本人が言うのには「だったら話は簡単だ。困っているときに一回ぐらい納めなくったって、神様は大目に見てくれますよ!」

この話は、実は山本七平氏から伺ったのだが、日本人とユダヤ人の考え方の違いを何とも見事に表現している。日本では、やっていいことと悪いことが状況によって変化するのに対して、ユダヤの世界では、神との契約=規範は、状況のいかんにかかわらず守らなくてはいけない。

ただし、その代わりに、禁止されていないことは何をやってもいいという論理が成り立つわけで、そうした論理はユダヤ教からキリスト教へと綿々と受け継がれ、もちろん現在でも生きている。その一番いい例は、アメリカにある禁酒郡、禁酒タウンを見ればよい。アメリカでは、禁酒州はないものの、禁酒法時代の名残りなのか禁酒郡、禁酒タウンはいまだに存在している。そして、そうした郡やタウンの郡境や町境にはズラリと酒場が並んでいる。つまり、禁酒の地域に住んでいて酒が飲みたい人は、そこからちょっと出て、一杯飲んで帰ってくればいいわけで、禁酒郡や禁酒タウンの中でだけ酒を飲まなければそれでいい、という論理が貫かれている。

これが、もし日本だったらどうだろう？　仮に禁酒町があるとして、その町の周りを取り囲んで酒屋がずらりと並んだとすれば、その町の人は「いい加減にしろ、人の顔をつぶしやがって、何の恨みでそんなことをするのか」といって猛烈に怒るに違いない。

日本人の〝契約〟は本当の契約ではない

日本には、そもそも契約という考え方がない。したがって契約の内容というものもない。と言うと、「そんなことはない。日本人だって商売上の契約書というのをちゃんと交（か）わしているではないか」という反論が必ず返ってくる。しかし、日本流の契約書というのは、実は契約でも何でもない。なぜなら、いろいろなことを取り決めた最後に〝以上、取り決めたことについて異議が生じた場合には、双方が誠意を以（もっ）て交渉に入ることを誓約する〟と必ず書いてある。だが、これでは、なんとも「契約」とは言い得ない。

欧米における契約の場合には、〝以上、契約する、この契約に違反した場合には、これだけの賠償金を納める〟とか、契約に違反した場合には、ああする、こうする、といったことがピシッと規定されている。このように、破ったか破らないかが一義的にわかり、しかも破った場合には、どのような補償措置をとるのかが一義的に決まっていなくては、真の契約とは言えない。

これにひきかえ、日本の契約の場合には、第一に破ったのか破らないのかがよくわからない。また、破った場合でも双方が誠意を以て協議にはいるというが、誠意を持っているのか、いないのか、というのはどうしてわかるのか。さらには、協議にはいっても双方の合意が得られなかったら、いったいどうするのか……、その辺が、日本の契約書には何も書かれていない。

この一事をとってみても、日本人というのは、世界にも珍らしい無論理民族、無規範民族だということがわかるだろう。

しかし、こういうことを言うと、必ずや「日本人が無規範民族とは何事か」という反発を食らう。たとえば「俺は、アラブに行ったことがあるが、アラブ人というのはこすっからくて、約束をしたってちっとも守らないで嘘ばかりついてる。ああいうのが規範民族で、誠心誠意、物事に当たる日本人が無規範民族というのはおかしいではないか」と言う人もいれば、また、「犯罪発生率最高のアメリカに対して、日本のほうは犯罪の発生率は最低。むしろアメリカ人が無規範民族で、日本人を規範民族と言うべきではないか」と主張する人もいる、という具合である。

こうした反論も、一見もっともな感じがする。しかし、実は〝無規範〟という言葉の解釈がちょっと違っているわけである。日本語でいう〝無規範〟には二つの意味があって、一つは〝規範はあるがそれを守らない〟という意味で、もう一つは〝そもそも規範がない〟という意味。私が言うのは後者のほうで、反論者が言っているのは前者のほうなのである。つまり事実は、アラブやアメリカでは確固たる規範はあるが、それを守らない人間がひじょうに多い。それに対して日本は、犯罪があまり発生しないほど落ち着いた社会ではあるが、最初から規範がないということにすぎない。しかし、この規範があるかないかが、その社会に与える影響はひじょうに大きい。つまり日本社会では、物事の善し悪しが、その場その場の「空気」で変わるわけである。

なぜ、いま「無規範」を問題にするのか

ここで、一言お断わりしておきたいことがある。それは、私が日本社会について云々する場合、何事かの事実を強調することはあっても、そこには善悪の価値判断をできるだけ入れないように配慮したという点である。ものごとは常に表裏一体、必ず「善」と「悪」、「美点」と「欠点」、「長所」と「短所」が同時に混在するものである。

ものに動じない男は〝冷静な人だ〟と評される。しかし、それは危機的な状況が差し迫った局面においてであって、逆に、親友や身内の人間の不幸に出合っても、まるで動じないというのであれば〝薄情なヤツ〟と非難される。程度の差はあっても、この真実はどんなものにも当てはまる。

また、本書は、「数学発想による社会観察」という視点に終始したものである。だか

ら、それ以外のメジャーの配慮に欠けるという不満を持たれる読者もあるかもしれない。

たとえば、いま「日本は無規範社会だ」と述べたが、それはあくまでも数学的、論理的に見てということであって、「無規範社会が規範社会に必ず劣る」と言っているのではない。その社会の優劣は、ただ単に、その社会の構成原理の優劣によって決まるといった、そんな単純なものでないのは当然である。それより、その構成原理をどう上手に現実に対応させるかという「その社会総体としての努力」のほうが、はるかに重要な要件であることは言うまでもない。

しかし、そうだからといって、日本社会に論理が欠落しているのは動かしがたい事実である。また将来とも、その欠点が現在の程度のままで、これ以上大きくならないと保証する証拠はどこにもない。いや、それどころか、日本社会を根底から覆しかねない危険なものになるという危機感のほうが、私には強い。しかも、最も危険な落とし穴は、油断した次の瞬間にやってくる。1章で述べたマゼランの悲劇も、マゼラン海峡を発見したという〝気の弛み〟と無縁ではないだろう。日本はついに経済大国になった。だから、もはや努力の必要はないといった安逸ムードが支配的だが、これほど恐いものはない。

また、日本社会にどういう病弊があるのかを知らなければ、それに対する的を射た治療法が発見できないのも理の当然だろう。さらに述べれば、そういった日本型社会のデメリットを無私無欲、つまり虚心坦懐に直視してこそ、更なる飛躍があるというものだ。たしかに本書で私は、日本社会の欠点・病弊といったものの指摘をいくぶん誇張し戯画化したのも事実である。しかしその意図するところは、いま述べた理由からであり、それ以外に他意はない。

また、好むと好まざるとにかかわらず、これからは、日本とはその構成原理をまるで異にする欧米社会の真っただ中で、勇猛果敢に勝負していかなければならない時代である。〝彼を知り己れを知らば百戦殆うからず〟(孫子の兵法)という名言が、平時にこれほど大きな意味を以てわれわれ日本人の前にクローズアップされたのは、明治維新以後、初めてのことだと言えるのである。

「礼楽」さえ守れば中国人、ユダヤ教を信じればユダヤ人

　では次に、日本民族が、どうして無規範社会でも差支え（さしつか）がなかったかを、また別の角度から観察してみると、日本という国には宗教がなく、文化的に恐ろしく均質（ユニフォーム）な国だったからだということになる。だから、日本人は、お互いに肚（はら）の中をさらけ出した人間関係を好む。というのも、人間はどうせ同じもの、見掛けこそ違うが、肚の中をさらけ出してしまえば、俺もお前も同じ日本人ではないか、という共通の意識が根底にあるからである。

　ところが欧米社会では、少なくともカトリックとプロテスタントという宿敵同士が同居しているのだから、お互いに肚の中をさらけ出したのでは、ドイツ三十年戦争（十七世紀前半、カトリックとプロテスタントの信仰の自由をめぐる戦争。この殺戮戦でドイツの人口は半減）のごとく、徹底した殺し合いにさえなりかねない。欧米社会においては、肚の中をさらけ出すなんてとんでもないことなのだ。だから、肚の中はどうあ

れ、表面的、形式的に規範さえ守っていれば、リスペクタブル・シチズン（尊敬すべき市民）と認めて、そのようにおつきあいしましょう、ということになった。

このような事情は、中国においても何ら変わらない。つとに指摘されるとおり、中国というのは、およそ一つの国とは思えないほどに文化も多様、言語も多様、宗教、民族も多様である。とすれば、うかつに肚の中を割ったのではどうなるかわからない。だから〝礼楽(らいがく)〟という、中国特有の文化であると同時に、社会的規範であるものを守りさえすれば民族や宗教など、その他のことはいっさい問わず、中国人として認め、この〝礼楽〟を守らない者は野蛮人と見なす、としたのである。

したがって、中国の歴史を調べてみると、最高権力者である皇帝にも、異民族＝野蛮人出身の例が実に多く見られる。古くは秦(しん)の始皇帝がそうであり、ベストセラー小説『項羽(こうう)と劉邦(りゅうほう)』でおなじみの、漢の時代のこの二人はいずれも、楚(そ)という当時の未開国の出身であった。また、隋(ずい)や唐(とう)の皇帝も北方の異民族出身だという説が有力である。秦、漢、隋、唐といえば、古代中国の栄光を代表する大帝国であるのに、その皇帝ですら、異民族出身であったり、少なくとも辺境の出身であったりするわけだ。

最後の清朝になると、その皇帝は明らかに満洲族。言い換えれば、出身は野蛮人であっても、礼楽を守りさえすれば、立派に中国人として認められ、しかも、皇帝という最高位にすら就ける体質を持った国なのだ。

だから中国では、外国人だといって差別することはない。そのいい例が、遣唐使として中国を訪れた阿倍仲麻呂で、彼は日本人であるにもかかわらず、中国へ行って中国の文化と規範を守ったために、大臣には到らなかったものの、今でいう政務次官兼国会図書館長ぐらいの地位には就いたのである。さらに安禄山などトルコ系の雑胡（雑種の野蛮人）であることが明白であるにもかかわらず、御史大夫（副総理兼最高裁長官）にまでなっている。

中国人になりたければおなりなさい、嫌になったらお辞めなさい、という具合に、中国というのは何とも寛容な国なのだ。現在、中国の人口は全世界の五分の一、十四億に迫るといわれるが、これだけ大量の人口を抱えるようになったのも、実は中国の周辺に中国人になりたがった異民族が大量にいた、という歴史的背景に根差しているのである。

この中国とまったく同じような国家意識を持っているのがユダヤ人である。つまり、ユダヤ人とは何ぞやといえば、ユダヤ教徒すなわちユダヤ人。つまり、人種や言語などその他のことをいっさい問われることがないのである。

NHKのディレクター、吉田直哉（よしだなおや）氏が、イスラエルを取材に訪れた際、「お前はユダヤ人か？」と問われてビックリし、そんなこと顔を見ればすぐわかるだろう、と思ったそうなのだが、それはあくまでも日本人的発想であり、ユダヤ世界では、ユダヤ人かどうかは顔を見ただけではわからない、というのは常識になっている。何しろ、ユダヤ教を信じてさえいればすべてユダヤ人なのだから、ドイツにいるユダヤ人はドイツ人のような顔をしており、トルコにいるユダヤ人ならトルコ人のような顔、中国にいるユダヤ人なら中国人のような顔をしていても、なんら不思議はない。

「共同声明に拘束力はない」と言う外務大臣の無知

いずれにしても、ユダヤ教徒、キリスト教徒には、近代数学の源泉となるような論理がすでにあった。中国やインドにも近代数学につながるようなものではなかったにせよ、論理は確かにあった。それに反して、日本の場合には論理というものがまったく存在しない。

そこで、欧米人はこんなふうによく言うのだ。「中国人とわれわれは、習慣、風俗、何から何まで違うけれど、よく考えてみると中国人とはつきあえる。ところが、考えれば考えるほど日本人というのはわからなくなる……」

それもそのはずで、中国の論理とアメリカの論理は確かに違う。しかし、その違いや共通点さえはっきりわかれば、つきあうのもむずかしくない。しかし日本の場合には、論理そのものがないのだから、つきあいようがない、と言われても仕方ないわけである。

そして、そうした事実に気がつかない日本人が外国人とつきあうと、何ともチグハグなことが起こってしまう。そしてその代表格が、なんと元総理大臣の鈴木善幸（すずきぜんこう）、並びに元外務大臣の園田直（そのだすなお）というのだから、まったく困ってしまう。

たとえば、園田外相という御仁（ごじん）は、記者会見（一九八一年五月）の席上で「共同声明には、条約や協定、覚え書きのような拘束力はない」などと平気で口走る。私に言わせれば、この一言だけでもう園田氏は外務大臣失格を自ら認めたようなものである。こんな発言は、外交交渉の何たるかを、まったくわかっていないという証拠なのだから。

外交交渉というのは、特定の両国間の契約、両国間の合意に基づく契約に達するためのプロセスに他ならない。この場合、忘れてはならないことは、決定的に重要なのは双方が合意した契約であり、途中の交渉というプロセスは、あくまでプロセスにすぎない、さらにいえば取るに足らないものだということである。

もちろん、現実には、契約の解釈云々といった際などに、交渉の経過というものが微妙に影を落とすことはあり得るわけだが、しかし、より根本的なことは、合意された契約であり、それのみが双方を拘束するのである。

外交上の契約では、一番重いのが条約であり、協定、覚え書、共同声明、了解事項の順に軽くなっていくのであるが、重さ軽さの違いはあっても、すべて合意された契約であるということに変わりはない。だから、園田発言にある「共同声明に拘束力はない」などというのは、まったく言語道断であり、しかも、それを言ったのが一国の外務大臣であったということは、まことに由々しき一大事なのである。

なぜ、日本の政治家が信用されないのか

かつて、かの鉄血宰相ビスマルクは、権謀術数に長けた外交の天才といわれていた。しかし、彼が権謀術数をたくましゅうしたといっても、それはあくまでも交渉のプロセスの上だけのことであり、一度出来上がった条約や協定はきちんと守っている。交渉のプロセスにおいては、脅したりすかしたり、時にはこけおどしをかけたり、裏取引をしたりしてもいっこう構わないが、いったん契約が交わされたとなれば絶対に厳守する。つまり、これが外交交渉の鉄則ということになるわけだが、それがまるでわからない園田元外相などは、外交的禁治産者と呼ばれたって致し方ない。しかも、そんな外交的禁治産者がわが国の外交を担っていたのだから、思えば、背筋の寒くなる話である。

園田元外相の馬鹿さ加減というのは、物の売り買いの場に類比して考えればよくわ

かることだろう。ご存じのとおり、近代資本制社会というのは、物の売り買いを中心に成り立っているのだが、ある人が、ある店に出かけて行って「この品物を買います」「いや買いません」「やっぱり買います」「でも買いません」などとやったらどうだろう。そんな人物は店から放り出されるに決まっている。

あるいはまた、もうひとつ例を挙げるなら、それはあたかも、ある銀行の頭取が「うちの銀行の小切手については一切責任を負いません」というようなものだ。もし、そんな銀行があったとすれば、当然、取付け騒ぎを起こすにきまっているし、その頭取はクビになるに違いない。

ところが、園田元外務大臣の場合には、そんなことにいっこうお構いなく、さらにわけのわからぬ行為を重ねている。先に紹介した「共同声明に外交上の拘束力はない」という発言のわずか二、三日後に、今度は「共同声明に拘束力がないとは言っていない」と発言したのである。

前の発言は誤りであったから取り消す、というのならまだ話はわかる。もちろん、間違った発言をしたというのであっても大変な失策であるには違いないのだが、まだ救いはある。はっきり取り消したというのであれば、少なくともわが国の最終的意志は明確だから。ところが、前回の発言を「言っていない」というのだから、もう何を言わんやである。これでは、国際社会において「日本の外相の言うことを信じる人間は馬鹿だ」ということになっても、抗議することさえできなくなってしまうではないか。

ところで、さらに困ったことには、こうしたデタラメ外交は、園田元外相だけの専売特許ではない。鈴木首相訪米の際に一悶着（ひともんちゃく）あった日米共同声明問題において、鈴木元首相が採った態度というのも、実はまったく同じパターンだった。レーガンとの会見後、日米共同声明を出しておきながら「あれは外務官僚が勝手に作っちゃった……」などと発言する。

そして、マスコミから批判されると、今度は「共同声明の内容については、外相と私が十分にチェックして承認、決裁して決めたことだ。日米両国間に対立も意見の食い違いもなく、内容に異存はない」という。これでアメリカが日本に不信感を抱かないとしたら、まさに奇跡と言ってよい。

外交上の基本無知による愚行

もちろん、ジャーナリズムにも責任なしとはいえない。ジャーナリズムは、こうした鈴木総理の行動は外交上の失態であり、これによって鈴木総裁の再選はあり得ないだろう、という形の批判をした。こうした批判をするのは当然のことなのだが、しかし、大事なのは、鈴木元総理の行動は、けっして失態などではあり得ないということである。失態とか失策とかいうのは、あくまで政策上の誤りを指すのであって、言い換えれば、間違ったデシジョンメーキングをした際に使われるべき言葉なのである。経済の世界でいえば、ビジネスの取引きで間違った買物をして大損をしたとか、株の売買で大損をしたなどというのが、すなわち失態なのであるが、こうした一連の鈴木外交、園田外交というのは、失態ではなく、「外交上の基本ルールに関する無知による愚行」ととらえるべきなのである。

園田氏の場合には、とんとお気づきでないようなのだが、外務大臣の発言というのは、本来、国家間の関係において致命的な重要性を持っている。つまり、外務大臣の発言だけで戦争が起こる場合もあるし、条約が廃棄される場合もある。

たとえば、ナチス・ドイツが条約を廃棄するときなども、いつも外務大臣の宣言一つで行なわれていた。その一番いい例が、英独海軍協定だが、ヒットラーが政権をとったあとで、イギリスとドイツは、ドイツの水上艦艇に関してはイギリスの三六％、潜水艦についてはイギリス以上に造ってはならない、といった内容の海軍協定を結んだ。ところが、その協定は、イギリスがポーランドに対して軍事援助を約束した時点で、ドイツのリッベントロップ外相の「英独海軍協定は、もはや存在しないものと認める」という発言によって廃棄されたのである。

もっと卑近な例では、日本が台湾の中華民国政府と国交断絶をしたときも、当時の大平正芳（おおひらまさよし）外相の一方的宣言によってであった。

ことほど左様に外務大臣の発言というのは、えらく重要なものなのである。だから、外務大臣が「共同声明は拘束力を持たない」といった場合には、その時点において、その共同声明を日本が廃棄したことになってしまう。こんな外交常識すら知らないのでは、園田元外相の発言は、背信行為よりさらに悪質と見なされても仕方がない。背信行為というのは、一度作った条約などを、期限が来る以前に一方的に廃棄してしまうようなことを指すのであり、言ってみれば、詐欺に近く、不法で道徳的にも許しがたい行為とされるのだが、しかし詐欺やペテンというのは、不法かつ不道徳であるにせよ、そういう取引きの仕方もあるにはあるのだ。

だが、鈴木・園田外交についていうなら、詐欺やペテンですらない。もっとそれ以前の問題であって、為政者として外交能力の禁治産者といった呼称は甘んじて受けざるを得ないであろう。何しろ、日米共同声明というのは、依然として有効なようでもあり、日本が廃棄して無効なようでもありといった具合で、外交上稀有の、珍無類な状態となってしまっているのだから。

日本人が外交音痴である理由

日本人が、恐るべき外交音痴であるというのは、ひとえに契約という考え方がないことに起因する。日本では、契約よりも話し合いが重要視される。日本人は、「契約」と「話し合い」はひじょうに似ているものと思いがちなのだが、実は社会学的な意味はまるで逆なのだ。たしかに、契約も話し合いも、まず二人の人間があれやこれやと言葉を交わして何らかの合意に達するわけだから、見掛けはよく似ている。

だが、話し合いの場合には、合意された内容など大したことではなく、むしろ、合意に到るプロセスとそのプロセスを通じて出来上がった人間関係こそが大事。つまり、契約とは正反対なのである。

話し合いの理想形態とは、歌手の北島三郎流に「俺の目を見ろ、何にもいうな」であり、合意事項などないのが最高とされる。また細かに規定することも、水臭いといって嫌われる。これがいわゆる、日本人の実生活における人情の機微なのだが、これを日本の首脳は外交交渉の場に持ち込もうというのだからまったく恐れ入る。日本の都合などまるでわからない欧米首脳が、目を白黒させるのも無理からぬ話である。

こういった傾向は、日本の政治家一般に及んでいる。たとえば元通産大臣・田中六助氏にしてもまた然りなのだ。

田中元通産相は、石油危機で石油の値段がどんどん上がった際に、アラブだけに頼っていたのでは危ないということで、メキシコへ行って大統領と交渉したのだが、そのときに「一〇万バレルの石油を売ってもらわなくては、自分は日本へ帰って切腹しなくちゃいけない」と言ったという。経済的な立場からいえば、そんなことを言い出さなくたって、日本のほうがはるかに強い。メキシコは、いわゆる発展途上国で、日本は一千億円にものぼるものすごく多量の経済援助をしようという国である。にもかかわらず、その強いほうの日本が、肚(はら)をさらけ出して、乞食みたいなことを言い出したのだから、メキシコの大統領だって、びっくり仰天せざるを得ないわけだ。

もっとも、アメリカなどでは、そうした日本の行動様式を既に研究し尽くして、日本のグラウンドで日本に無理難題を押しつける場合には、日本の論理にのっとり「この要求を呑んでくれないと、俺は上院議員に合わせる顔がないんだ」などといって説得するらしい。日本だって、外国で勝負するときには、彼らの行動様式を採らなければ損をするというのは理の当然だ。しかし、総理や外務大臣ですら、西洋のメンタリティに無関心だというのだから、まったくもってどうしようもない。

こんなことを書くと、読者は、私が鈴木元首相や園田直元外務大臣、田中六助元通産大臣などの人身攻撃をしているような印象を受けるかもしれない。しかし、私は、これらの人の個人的な悪口を言うつもりは毛頭ない。彼らは善意に基づいて誠心誠意、これが日本のためだと信じて行動したに違いない。

しかし、だからこそ、かえって一層深刻だといえる。心がけが悪いのなら改めればよいし、日本に対する忠誠心が不足だというのならクビにすればよい。しかし、彼らが国際的常識からみて信じられないような失態を演じたのは、「論理」というものを全然理解していなかったからに他ならない。

したがって、私が首相や外相などに代表される日本の政治家たちに忠告したいことは、たった一つ。「高校一年の数学の教科書をひっぱり出して、もう一度最初のほうを読みなさい」ということだ。

「今さら教科書なんて」というのなら、本書を熟読玩味（じゅくどくがんみ）していただくともっとよいかもしれない。

「人類は敵同士、世界は紛争の巷」が世界の常識

さらに日本外交の失敗例といえば、昭和十二年十二月にあった日本軍の南京攻略の際の話も挙げられる。このときは、名うての柳川兵団が杭州湾から上陸するや破竹の進撃で、あっという間に南京を攻め落としてしまうのだが、そのあまりの強さに舌を巻き、蔣介石は日本の要求は大部分呑んで講和しようと思った。それで、「日本の要求はわかった。これから交渉にはいりたいから代表を選んで遣わしてくれ」と言ってきたのだが、そのときの日本軍の首脳が何と言ったか⁉

「日本が出した要求に対して交渉するとは何事だ。そんなに日本を馬鹿にした態度を容認したのでは、日本は足元を見透かされてしまうから、交渉などすべきではない。戦争を続けよう」

この論理は、まるで目茶苦茶としか言いようがない。要求を出したなら、じゃあ交渉を、というのが外交の常識。要求を出したのに相手が蹴飛ばした場合には、戦争継

続というのは当たり前だが、相手が交渉したいというのに、交渉などするとなめられるから論外だ、などというのは、まさに日本的発想以外の何ものでもない。

日本的な考えでは、出した要求をその場で全部ご無理ごもっともと呑めば、態度がいいのに免じて十の要求を七つに負けてやろう、ということになる。しかし、中国であろうが、欧米であろうが、インドであろうが、そんな考えが通用する国はない。何でも要求を呑むというのでは、すなわち無条件降伏となり、たとえ皆殺しにされたところでいっさい文句はいえないのだから。

論理のある国同士の戦争では、たとえば朝鮮戦争にしても、アメリカが敗けたベトナム戦争にしても、一方でジャンジャン戦争をやっていながら、他方では、ちゃんと和平交渉を継続している。日本には〝世界は一家、人類は皆兄弟〟などというお題目を唱えている人もいるようだが、これはあくまでも日本的な平和主義。中国人や欧米人なら〝人類は敵(かたき)同士、世界は紛争の巷(ちまた)〟というふうに考えるのが普通なのである。

日本の婚姻制度を数学的に観察する

数学的発想があるかないかで、こんなにも差が出て来るという例は、結婚制度の中にも見ることができる。日本には結婚という制度はない、と私が言うと、おそらく大多数の読者は「そんな馬鹿なことが……」と反発するに違いないので、そのことについて論証してみたい。

キリスト教徒、イスラム教徒、そして中国人の場合には、ちゃんとした結婚という制度を持っている。キリスト教の場合には、妻の定員は一名。イスラム教の場合には四人以下。中国では、妻の数も官僚組織になっていて、身分によって何人と決まっていた。

周代では、天子一二人、諸侯八人、大夫(たいふ)四人、士二人、庶人一人。それが、漢や唐になるともっと増えて、たとえば唐の王朝の天子には皇后が一人、妃(ひ)が貴妃(きひ)、淑妃(しゅくひ)、賢妃(けんぴ)、徳妃(とくひ)の四人、以下、昭儀(しょうぎ)から采女(さいじょ)にいたるまで官僚制がきちんときまっていて、合計で一二二人。要するに、妻が何人、妾が何人とピシッと決められているわけだ。

こんな具合で、キリスト教圏、イスラム教圏、中国では、妻の定員はすべてきまっている。違いは単に、集合が大きいか小さいかだけである。したがって、妻であるか、妻でないかのどちらかしかなく、妻のようでもあり、妻でないようでもあるという中間の形はあり得ない。妻なら妻、妾なら妾と、きっちり制度によって定められているのだ。

妾についていえば、キリスト教諸国においては、妻以外の妾は、現実には存在しても論理的には存在しない。それはどういうことかといえば、妾の子には王位継承権がない。財産の相続権もない。つまり、社会的には正式な子どもとして認めないというのである。それに対して、中国の場合には、妾は存在した。言い換えれば、妾の子どもであっても、しっかり権利を持っている。では、正妻と下っ端の妾とではどう違うのかといえば、いわば大将と二等兵のようなもので、単に身分が違うだけ。片方が日向者で片方が日陰者ということはあり得ない。

ところが、日本ではどうかというと、妾というのはいるようでもあり、いないようでもありという感じで、表には出ないけれど、ちゃんと日陰にはいたりする。本妻との関係においても、「妻という字にゃ勝てはせぬ」と言っている一方で、時には本妻を追い出して、その座に取って代わることもある。第一、内縁関係などという言葉も、もうひとつ実態が定かではない。また、内妻などという、妻であるのかないのか、まったくわけのわからない存在が社会的に認知されたりもする。さらに言えば、内縁ではなく正式なのだが、結婚しているのかいないのか定かでなく、その中間のような足入れ婚などという形態もずっと残っていた。

結婚式を挙げたのに、籍を入れるのを忘れて、後で大問題になるという事態がよく発生するのも、こうした伝統によるのだろう。

論理の犠牲メアリー・スチュアートの悲劇

こうした、妻なのかそうでないのかはっきりしないということは、キリスト教諸国、イスラム教諸国、中国、インドなどにおいては絶対にあり得ないことである。

そのことを最もよく示すのが、イギリスで今も人気のある悲劇のヒロイン、メアリー・スチュアートである。彼女のストーリーはオペラに、演劇に、映画に、テレビに、いくたびとなく採り上げられ、欧米人にはきわめてなじみが深い。日本でいえば「忠臣蔵」のようなものだ。

彼女は、当時の国王、ヘンリー八世の姉マーガレットの直系だが、ヘンリー八世には上から順にメアリー・チューダー、エリザベス・チューダー、エドワードという三人の子どもがいた。ヘンリー八世の跡を継いだ王子エドワード六世はすぐに死に、その次に王位継承した長女のメアリー・チューダーも五年ほどで死んでしまう。となると、次はエリザベスが王位を継承するのが当然なのだが、ここに一つ障害があった。というのも、ヘンリー八世は浮気な男で、やたらと妻を替える癖があり、前の妃を死刑にして新しい妃を迎えるということを繰り返していたために、エリザベスの母親、アン・ブーリンとの結婚をローマ法王が認めていなかったのだ。

それならば、ということでヘンリー八世は、独自に英国国教会を作るわけだが、それが体制を整えないうちにエリザベスの王位継承問題が起こったから、さあ、話はややこしくなった。

争点はたった一つで、ヘンリー八世とアン・ブーリンの結婚がエリザベスが生まれたときに有効か無効かということ。もし有効なら、国王の子であるエリザベスの王位継承は文句なしだし、無効なら国王の子は存在しないことになるから、当然、姉の孫であるメアリー・スチュアートのほうに王位継承権が行く。結論は単純なのだが、ローマ法王とは絶縁状態だし、英国国教会はまだ形を成していない。こういうときには、いったい誰に、結婚の有効無効を決定する権能があるのかということで、多くの学者が大激論をするのだが、なかなか結論が出ない。

結局、エリザベスがとりあえず王位を継承する。ところが、彼女は自分が正統な英国の君主であるという確信が持てないために、メアリーが邪魔でしょうがない。そこで、ついにメアリーを殺してしまう。これをメアリー・スチュアートの悲劇と呼ぶわけだが、これはまさに論理的な国だからこそ起こった悲劇といえるだろう。

これが、日本での出来事ならどうかといえば、結婚が有効か無効かなんてどうでもいいじゃないか、エリザベスが王の娘であるのは確かなんだから跡を継がせよう、ということになるに違いない。

また、日本の場合には、結婚の制度がないと同時に、相続の概念もないといえる。欧米では、メアリー・スチュアートの悲劇を見てもわかるとおり、誰の次は誰と、相続する順番についての考え方がきちんと決まっている。それは、探偵小説（ミステリー）を見てもよくわかることで、自分よりも相続順位の高い人間を順に殺していって巨大な財産を手に入れる、という相続人殺しが一大テーマとなっており、アガサ・クリスティなどもこの手の小説はお手のものである。

ところが、日本では、相続がどうなるのかは、その場その場の状況によって変わってくる。たとえば、血縁相続が原則だと思われていた徳川時代においても、実はそうではなく、四代将軍家綱（いえつな）が死んだ後の五代将軍を誰にするのか、綱吉（つなよし）にするのか、京都から迎えてくるかで大論争が起きている。また、十三代家定の次の将軍を決める際にも、家茂（いえもち）にするのか慶喜（よしのぶ）にするのかで紛争が起こり、徳川一門や親藩は言うに及ばず、外様（とざま）大名の薩摩藩主、島津斉彬（しまづなりあきら）が介入するという馬鹿げた事態まで起こっている。もし、血縁相続がはっきり決まっているとすれば、こんな揉（も）め事など起こりようがない。

果たして血縁相続なのか、才能による相続なのか、また、前将軍が勝手に相続人を指名するのか、それとも、蒙古のように家来たちが会議で投票して決めるのか、その辺の原理原則がまったくないわけである。

〝妻である集合〟と〝妻でない集合〟のけじめ

さて、もう一度結婚のことに話を戻して、日本人が、集合論を知らないばかりに大変に嫌われたという話をしてみよう。

戦前、中国は一夫多妻制であったので、日本人が中国を訪れた際にも、あいさつ代わりに「奥さんは何人いらっしゃいますか」と聞かれたりする。そうすると日本人は〝妻を何人も認めるなんて、中国は、なんてスキャンダラスな社会なんだろう〟と思ってしまう。それで、そういう社会なら、なにをやっても構わないだろうと考え、破廉恥なことをずいぶんやり、中国人にえらく嫌われたわけである。

ここで大事なのは、中国は、けっしてフリーセックスの国などではなく、単に妻の数が多いだけの国だという事実を、きちんと認識することだった。つまり、妻の数は多いが、妻か妻でないかの区別ははっきりしていて、妻以外の女性に対しては、手を握ったり、物を直接手渡ししたりすることさえ許されなかったぐらいなのである。

イスラム教の場合でも、妻は四人と定められている以上、五人目は絶対に駄目。日本人なら、四人も五人もたいして変わりはないと思うところだが、イスラム教徒は、五番目の女性が好きになって、どうしても結婚したいというときには、従来の四人の妻のうちの一人と離婚しなくてはいけない。要するに、「妻である集合」と「妻でない集合」がきちんと区別されている中国やイスラムの国々のそういう構造が、集合論のわからない日本人には、さっぱり見えて来ないわけだ。

だから、日本人が、中国の歴史の本を読んで、征服者が誰とかの妻を奪ったとか、娘を奪ったとかいう記述に出くわすと、中国人は片っ端から女をものにする、とんでもないいい加減な民族だと思いこんだりする。しかし、事実はもっと論理的であり、その征服者がある人妻をものにしようとする場合には、前夫からきちんと奪って自分の妻にしなくてはいけない。奪ってしまえば自分の妻なのだから、当然何をしようと勝手なわけで、ただ、その奪うプロセスが暴力をもってやったというだけのことなのである。

それに対して、日本人のように奪いもせずに姦通だけしたのでは、これはもう単なるスキャンダルに他ならない。つまり、奪うんだったらきちんと奪うというふうにけじめをつけろ、というのが論理社会なのである。

なぜ日本人の買春ツアーばかりが嫌われたのか

ところで、日本人がかつてセックス・アニマルと呼ばれ、特にフィリピンあたりでひどく毛嫌いされていたことがあるが、その理由はおわかりだろうか？

フィリピンに行った人ならご存じのはずだが、フィリピンで女性に金を使っているのは、なにも日本人に限らない。アメリカ人にしろ、ドイツ人にしろ、フランス人にしろ、負けず劣らず快楽を貪（むさぼ）っている。なのに、日本人だけが特別に嫌われるのはなぜかといえば、日本人が集団行動をして目立つという事実もさることながら、もっと根本的には、彼らの目には、日本人が無規範民族と映るからなのだ。

売春が不道徳な行為であるというのは、日本でも欧米でも同じである。しかし、そこから先が違っていて、欧米人の場合は、これは道徳的行動、これは不道徳な行動と峻別する。しかしそれでも不道徳な行動はする。つまり、規範はあるが、それを破る、あるいは守れないという形なのだ。だから欧米人が女を買う場合は、人目を忍んで個人行動になるのが基本姿勢。それに対して日本人は、道徳、不道徳のけじめなしに、フィリピンでは売春宿が存在するのだから売春婦を買うのは当然だとばかり、集団行動でワーッと行く。そのため、無規範で訳のわからぬ民族と見られ、ひんしゅくを買う。しかも、そうした行為はフィリピンの恥部を大声で宣伝して歩くようなもので、彼らの神経を逆撫でにするわけである。

英語には〝インテグラル〟(integral) なる言葉があって、これは日本語に上手に訳せないのだが、意味は、自分の規範に対して誠実だということ。つまり、カトリック教徒ならカトリックの規範に対して、プロテスタントならプロテスタントの規範に対して、首尾一貫して忠実だということである。そういう人に対しては、その人の規範が何かという情報さえ与えられれば、当然行動予測もつくわけで、社会的にも十分つきあっていくための見当がつく。

ところが、日本人というのは無規範であるがゆえに欧米型の発想からすると、行動予想ができない。だから、フィリピン人から見ると、セックス・ツアーでやって来る日本人などは、犬コロ同然に見えてしまう。何しろ、欲情の赴くまま種つけしている民族だとしか映らないのだから。

現実問題としては、フィリピンは犯罪率も高いし、悪いことをする人間はいくらでもいる。しかし、そんなフィリピン人が、日本人のことを犬コロというのは、ひとえに日本人に規範という概念が存在していないからなのである。

日本人の側からすれば、「フィリピンなんて犯罪だらけで、ちょっと暗くなったら歩けないじゃないか。治安もまともじゃないし、生活水準も低く、金持ちが貧乏人をさんざん搾取している。そんな奴が人のことを何言ってるんだ。俺たちはよく働くし、ちゃんと海外援助までやっている。そんな偉そうなことが言えた義理か⁉」と開き直りたいところだろうが、それは、彼らの規範という基準からすると、まったく意味をなさない反論なのである。

薄気味悪さを感じさせる日本人の無規範

ところで、フィリピンで売春婦を買っている欧米人の場合には、規範は認めるけれど、欲望に負けて規範を破ります、という意識になるわけだが、それよりもさらに意識的に規範に挑戦するというケースもある。たとえば、豚肉を食べてはいけないユダヤ人が、宗教裁判所の前で豚肉料理店を開いたりすることもある。しかし、これは「私はユダヤ教のこの規範は認めません」ということを社会に宣告する行為なのだ。

堂々と規範を破るという例は他にもたくさんあって、欧米では同性愛、中国では近親相姦が代表的だ。しかし、日本人の場合には、規範に挑戦しているのでもなければ、欲望に負けて守れません、というのでもない。初めから規範がないのである。

日本では、中国人が日本人を嫌う大きな理由の一つは、支那事変の際、ずいぶん残虐行為をしたためだと考えている人が多いようだが、中国の歴史書を読めば、秦が趙兵にやったように、戦争に勝ったほうが負けたほうを四十五万人も生き埋めにしたとか、自分の墓穴を掘らせたうえで、何万人もの人を殺して、その中に埋めたとか、車裂きの刑にしたとか、もっとすごい残虐行為はいくらもある。皇帝の気に入らないことを言うと煮殺されるのが日常茶飯事だった。この古代中国の伝統は、文化大革命の際にも脈々と受けつがれていることが証明された。

にもかかわらず、日本人がひじょうに嫌われるのは、日本人が規範を持たない民族で、彼らにしてみれば、「何をやるかわからない」という薄気味悪さがあるためなのである。

2 「法の精神」の根底にも数学がある

論理の世界から日本流曖昧社会を点検する

欧米の裁判には存在しない〝大岡裁き〟

さて、それでは次に、数学的見地から見た裁判の問題を論じてみたい。明治維新以降、日本は、西欧社会からいろいろなものを持ち込んできたわけだが、その中で最も異質なものが、法律、とくに裁判という制度であった。ではいったい、日本の裁判と欧米の裁判との根本的な違いは何か。まず欧米の裁判は、勝つか負けるかのどちらかなのに対して、日本の裁判は、勝ち負けを決めないのがいい裁判だといわれる。

それは「双方の言い分、まことにもっともである」といった大岡裁きに典型的に現われており、落語にもある〝三方一両損（さんぽういちりょうぞん）〟というような、きわめて曖昧な裁きを下すのが名奉行とされるのである。

その根本には、いわゆる〝喧嘩両成敗〟的な考えがあるわけだが、その考え方は、現在の裁判にも脈々と息づいており、日本の裁判官は、せっかく黒白を決しようと裁判に持ち込んでも、仲裁、和解、調停というのをしきりに勧める。なぜかというと、日本の裁判においても、形は欧米式なのだから、判決では必ず勝ち負けを決しなくてはいけないのだが、これが日本人にはなじまない。痛み分け、引き分け、ああ、いい勝負だった、などというのが日本人の好みなのだが、そういう判決は近代的裁判ではありえない。そこで、お互い少しずつ譲りなさい、という形で仲裁、和解、調停などで裁判をせずに決着をつけさせることが多いのである。欧米式に考えれば、まことに不思議千万。日本の裁判官は、本来の任務を放棄したがっているとしか思えない、ということになる。

しかし、本来の裁判のあり方でいえば、民事訴訟では、原告が勝つか被告が勝つかのどちらかであり、勝たないほうは必ず負けになる。また、刑事訴訟の場合には、有罪か無罪かのどちらかしかない。有罪だったら検事の勝ち、無罪だったら被告の勝ちで、有罪と無罪の中間などはあり得ない。

これがつまり、近代裁判の特徴であり、判決を全集合とした場合には、有罪というのはそこに含まれる部分集合であり、無罪はその補集合となる。言い換えれば、この二つの集合だけで裁判という全集合は出来上がっており、有罪でもあり無罪でもあるという共通部分、あるいは有罪でもなく無罪でもないという部分は存在しない。裁判においても、きちんとした集合論が徹底しているのである。

日本の裁判と欧米の裁判との違いは、弁護士の数を比べてみてもよくわかる。アメリカの場合には一二一万九〇〇〇人もいるのに対して、日本の弁護士数は、わずかに三万八〇〇〇人。人口比からいっても、アメリカの三〇分の一以下なのだ。アメリカで、なぜそんなに弁護士が必要なのかといえば、裁判の機能はすべて裁判所が行なうという、本来の裁判のあり方が実現されているからであろう。

それに対して、日本では、原理・原則では欧米式の判決を下すべきなのだが、そんなことをやったのでは、ムードが支配する日本社会は成り立たない。だから、なるべく裁判に持ち込むのは避けようという気風が強い。したがって、弁護士の数が少なくてもさして支障はないのである。ただし、どちらの社会が住みやすいかということを私は言っているのではない。この点をくれぐれも誤解しないでもらいたい。

裁判所の機能を奪っている日本の警察・検事

日本の場合、欧米との違いでさらに驚くのは、警察や検事が裁判官の機能まで代行していることだ。裁判に行くまでには、送検と起訴という二つの関門があるというのは、すでにご存じのことだろうが、まず、送検するかどうかは警察が決める。

たとえば、銀行マンの奥さんが、どこかのスーパーで万引きをしてつかまったとする。たかが万引き程度なら、たとえ有罪になったとしても執行猶予つきだろうし、大抵の場合、不起訴になる。しかし、社会的制裁ということでいえば、送検されるだけで大変なことになる。

ブタバコに二、三日入れられても、世間に知られなければどうということはないが、検察庁に送られれば、新聞報道などでたちまちバレてしまう。こうなると社会的制裁が恐ろしい。夫は、まず銀行を辞めざるを得ないだろうし、その奥さんが離婚されることだって十分にある。

そこで、普通は、万引き程度では送検しないけれど、その代わり二、三日留置場に入れて油を絞るということをやる。しかし、これは制裁を加えるかどうかという裁判の機能を警察が代行していることに他ならない。

交通違反の場合には、さらに顕著だ。送検するのか、しないのかということは、かなりの部分、警察官の一存で決められる。そして、その際は、違反者の態度のよし悪しが、送検するかどうかの決め手となることが多い。これもまた、いかにも日本的というべきだろう。

もし、送検された場合には、今度は検事が起訴するかどうかを決めるのだが、たとえば公務員の場合などは、起訴されるかどうかは大問題である。公務員は、起訴されたら確実に休職処分になるし、裁判が行なわれるのだから、たとえ結果として無罪になったとしても、社会的な損失は計り知れない。

公務員などにとっては、一年や二年、刑務所に入ってくることによって生ずる実質的（直接的）制裁よりも、社会的（間接的）制裁のほうが、比べものにならないくらい恐ろしい。つまり、検事の判断（起訴するか否か）に制裁の有無がかかっている。というわけで、日本では、検事も裁判官の機能を代行していることになる。

また、逆に、警察は事情を斟酌して、本来なら送検すべきところを送検しないでおくというようなこともやるし、検事にしても、不起訴や起訴猶予にする権限を持っている。法律上は明らかに起訴すべきことであっても、検事が「マア許せる」と判断すれば不起訴になることもある。その場合には裁判すら行なわれないのだから、有罪にはならない。

よく考えてみると、これは本来、裁判所の機能であるはずで、それすらも警察や検事は分捕ってしまっている。これは、まさに、どちらかが勝ちでどちらかは負けという集合論的発想を持たない、日本の裁判制度ならではの特徴と言えよう。

欧米諸国では、もちろんそんなことはあり得ない。たとえば、交通事故にしても、これこれしかじかの場合には警察で罰金をいくら納めればよろしい、これから先は送検とビシッと決まっていて、警官の個人的裁量がはいる余地などほとんどない。裁量は裁判官の機能で、違反者をつかまえて規則どおりに処理することだけが警察の機能、という本来のあり方がちゃんと守られているわけだ。もちろん、その代わりとして、欧米では社会的制裁という考え方はあまりなく、前科者といえども、刑を服し終えれば普通に社会復帰できるという状況がある。

裁判に関することでもうひとつ言えば、日本の裁判における判決文というのは、欧米のものに比べて何とも支離滅裂なものが多い。

たとえば、証拠不十分で無罪になった場合の判決文も「この被告を見るに、状況からは重々疑わしくはあれど、しかしながら疑わしきは罰せずの立場に立って無罪」などというふうに書く。これは、突き詰めていえば、あいつはどう見てもやったに違いないんだけど、十分な証拠がないから涙を呑んで逃がしてやろう、という意味である。

だから、社会的には、あいつはうまくやって証拠を隠しやがった、と思われるに定まっている。つまり、罪人としての評価が定着してしまうことになり、社会的制裁ということで考えた場合には、無罪のようでもあり、有罪のようでもありということになってしまう。こんな支離滅裂な判決文が存在するのも、無罪は有罪の補集合であるという集合論の考え方を、きちっと身につけていないからなのである。

罪刑法定主義の否定さえまかりとおる不思議な国・日本

　ところで、裁判の前提となるのは法であり、罪刑法定主義という立場があって初めて、デモクラシー国家における刑事裁判というものも成り立つことになる。罪刑法定主義とは、要するに、刑法に規定されていることについてのみ刑罰を科すことができ、逆に、刑法に規定されていないことについては、いかなる行為も刑罰を科せられることはないという考え方で、これは明らかに、きっちりとした集合論である。

　しかし、日本の場合には、そうした集合論の考え方がわからないものだから、ハイジャック事件があって、犯人の要求に従って赤軍派の連中を獄中から出すときに、規定されていないことは、何が何だかわからないということで、超法規的措置という言い方をするしかなかった。それに対して、やはり、アラブで西ドイツ赤軍がハイジャック事件を起こし、西ドイツ政府が特殊部隊を導入した際に、何と言ったか。けっして超法規的措置などという言葉は使わず、単に、国家主権の発動である、と言っただけであった。

そもそも国家主権とは、包括的なものであるから、全集合である。その中には、法律で禁止されている一つの集合があるが、それ以外は補集合で、言い換えれば何をやってもいい。こういう集合論で西ドイツ政府は動いたわけで、そういった観点のない日本政府の動きとは好対照を見せたわけである。

国家主権における集合論的考え方、つまり、禁止されていること以外は何をやってもいいという考え方は、プロイセンの宰相、ビスマルクにおいてもすでに見られた。一八六二年、ビスマルクは大軍拡をしようと考え、厖大な軍事予算を議会に提出したところ、上院は通過したのだが、下院は通過しなかった。当時の憲法には、予算の決定は、上下両院の協賛を要すると書かれているが、上院の決定と下院の決定が一致しない場合については何の規定もなかった。そこで、ビスマルクは、何の規定もないことに関しては国家主権が発動される、という解釈を施して、予算を執行したのである。日本人なら、「そんな馬鹿なことがあるか⁉　下院を疎かにするにもほどがある」といってカンカンに怒るに違いないが、論理的には、それで首尾一貫しているのである。

罪刑法定主義について言えば、宮永幸久という元自衛官のスパイ事件(一九八〇年)のときにも、まことに奇妙なことがあった。今度は、マスコミでの話だが、読売新聞がこんな社説を出したと記憶する。

「宮永を厳罰に処せ、ただしスパイ防止法は作るな」。これは明らかに罪刑法定主義の否定である。

そもそも罪刑法定主義とは、憲法よりもはるかに重要な、基本的人権擁護に関する規定である。

これが否定されたが最後、お上の意向しだいでどんな刑罰でも下せるようになるのだから、これほど恐ろしいことはない。ところが、その論説委員はクビにもならず、はたまたデモ隊に取り囲まれて電信柱に逆さ吊りにされたという話も聞かない。日本とはまことに不思議な国である。

ローマでは、なぜ皇帝と法王の二元支配が可能だったか

ここで、法の考え方についてもう少し突っ込んで考えてみたいので、近代法の基本概念を明らかにしておこう。全ての行動を全集合とすれば欧米の法には、まず第一に、合法であるか否かの二つに一つしかないこと。

第二には、近代デモクラシーにおける法は、あくまで市民法であって、人間の内面を裁く（さば）ことは絶対にあり得ないということ。

第三には、市民法とは一般的であって、誰に対しても同じように適用されるということ。

第四には、すべての人が法的主体であるということ、言い換えれば、裁判を起こし、かつ裁判を受ける権利があるということである。

以上の点を踏まえて、欧米法と中国法、そして日本法を比較してみると、たいへんにおもしろい。まず、市民法ということについて言えば、市民法と宗教法とは、まったく別な集合であることを理解してほしい。

つまり、人間の宗教生活は宗教法で取り締まり、市民生活のほうは市民法（世俗法ともいう）で取り締まるということで、この考え方は、ローマン・カトリックの伝統のない社会には存在しない（西欧社会においては、プロテスタントといえども、ローマン・カトリックに対するプロテスタントであることに注意）。では、ローマン・カトリックだけに、どうしてそういう考え方が生まれてきたのかといえば、それはパウロの伝道によるところが大きい。

パウロというのは天才的な人物で、キリスト教＝パウロ教と言ってもいいぐらいなのだが、彼は、他の使徒たちのような下層民ではなく、ローマ帝国の市民権を有する市民であった。それで、ローマ帝国の中でキリスト教を広めるときにどうしたかというと、〝神のものは神へ、カイゼルのものはカイゼルへ〟（新約聖書マタイ伝二二章）という考え方を徹底せしめたのだった。

言い換えれば、外面的行動においてはローマ市民として行動しなさい。ただし、内面的行動においてはキリスト教の規範に従いなさい、ということである。このパウロ伝道がローマン・カトリックの伝統として脈々と受け継がれたがゆえに、中世ローマ帝国においても皇帝と法王の二元支配が続いたのである。

いわば、これは、聖（＝宗教的生活）と俗（＝世俗的生活）の二元論であり、聖の部分を取り締まる宗教法と、俗の部分を取り締まる世俗法は、まったく違った法体系であり、まったく何の関係もなく、互いに独立であるということが一大原理となっているのである。

ところが、日本はもちろん、ローマン・カトリックの伝統のない国においては、こういう考え方がまったくない。たとえば、ビザンチン帝国においては、聖俗が一元的であり、俗界の支配者である東ローマ皇帝は同時に聖なる世界の最高君主でもあった。

そういうと「日本にも、王法と仏法の違いがあったじゃないか」という反論も出て来そうだが、それはまったく意味が違う。

日本での最高の僧侶といえば、比叡山の座主(ざす)だが、これは天皇によって任命される。たとえば、護良(もりなが)親王なる人物のように、天皇の命令によって還俗(げんぞく)し、征夷大将軍になった人物もいる。これでは、王法と仏法がお互いに独立したものだなどとは、とても言いがたい。

世俗法が宗教法を侵蝕した理由

さて、ローマン・カトリックに話を戻すと、何しろ宗教法は世俗法からは完全に独立しており、教会内部の問題はすべて宗教法で取り仕切らなくてはならなかったために、その法体系はきわめて整然と整備されねばならなかった。

中世ヨーロッパのローマン・カトリックの信徒は、誕生から、洗礼、聖餐式(せいさんしき)、結婚、死、すべて宗教法の支配下にある。しかも、その法体系は完璧なものであったから、教会と仲違い(なかたが)いをすれば、生まれることもできないし、人間としての権利もない。結婚もできなければ、死ぬこともできないということになってしまう。つまり、肉体的に生まれても生まれたことにならないし、死んでも死んだと見なしてもらえないのである。

これでは、当然、困ってしまうので、近代にはいってからは、世俗法が徐々に宗教法の領分を侵蝕していく。重要な外面的行動に関してはほとんど市民法が支配するようになっていった。そして、これがすなわち近代デモクラシー社会成立の基本的な歩みなのである。

具体的には、まず教育が教会から国家の手に取り戻されて、いわゆる公共教育に変わり、結婚や死ぬことについても、必ずしも教会の支配を受けなくてもよくなった。とはいっても、国によってはいまだに結婚だけは教会が取り仕切っている場合もあり、離婚が認められていない国も残っている。そこで、欧米の場合には、入国査証の〝マライタル・ステータス〟（結婚の状況）を丸印でチェックする欄に〝セパレーテッド〟（separated）なる奇妙な一項が必要となってくるのだ。他にある項目は〝シングル〟（single＝独身）、〝マリッド〟（married＝既婚）、〝ディボースド〟（divorced＝離婚）、〝ウィドウド〟（widowed＝死別）。

さて、では〝セパレーテッド〟の意味は何かといえば、〝別居〟。それも、日本的な意味での、転勤や子どもの受験の都合などで、仕方なく別居はしているが、別に嫌で別れたわけではなく、時には会ってベッドを共にしたりもする、といったような別居ではなく、離婚が法律上禁止されているので、書類上は離婚していないのだが、実生活上ではまったく赤の他人、という形の別居のことを指すのである。

これがよくわからない日本人の商社マンがアメリカに行った際、結婚しているのだから、当然〝マリッド〟という項目に丸印をつけ、さらに、今、自分の妻は日本にいるのだからと考えて〝セパレーテッド〟にも丸印をつけたため、アメリカの入国審査官がびっくりしてしまった、という話を聞いたことがある。

広義の〝マリッド〟を一つの集合と考えると、その中に狭義の〝マリッド〟の集合と〝セパレーテッド〟の集合が含まれ、しかも互いに補集合を成している。入国査証の項目にある〝マリッド〟とは、狭義の〝マリッド〟のほうだから〝セパレーテッド〟と同時には起こり得ることはない。つまり、結婚の状態にしても、数学的な厳密さで規定された社会なのである。

「民法の精神」こそ、すべての法律の基本

さて、ここで再び法の話に戻ろう。日本語では市民法、世俗法、民法というのは、

それぞれ意味が違うのに対し、英語では、これらはすべて〝シビル・ロー〟(civil law)の一語で表わされる。どういうことかといえば、市民法、世俗法、民法の三つを区別する必要はない、ということである。近代デモクラシー社会では、民法は世俗法であり市民法である。要するに、民法がすべての法律の基本とされる。

日本では、刑法は公法、民法は私法というように区別され、まったく異質のものと思われがちなのだが、近代英米諸国においては、基本的に公法と私法の区別はない。刑法もまた一般法たる市民法（シビル・ロー）の特殊ケースのようになっているわけである。

欧米諸国の裁判所の構成を見ればよくわかることだが、たとえば、私が年がいもなく、アメリカのカリフォルニア州で、西部劇さながらに銀行強盗でもして暴れてつかまり、裁判になったとしよう。そして、その時のカリフォルニア州の知事が仮にレーガンだったとしよう。すると、その裁判は何と名づけられるかといえば、〝レーガン対小室裁判〟と呼ばれることになる。

これは、民事訴訟法（シビルプロスイジャー）とまったく同じ形であり、国家もギャングの親玉も完全に対等なのである。違う点は、レーガンは原告で小室は被告ということだけであって、刑事（クリミナル）

訴訟法（プロスイジャー）といえども、民事訴訟法の特殊ケースであるというのも納得できるであろう。
それが、日本の裁判の場合にはどうかといえば、検事と被告が対等とはとても思えない。いわんや徳川時代だったら〝奉行・大岡越前守（おおおかえちぜんのかみ）対ねずみ小僧次郎吉裁判〟などということには到底なり得ない。次郎吉のほうは、ハハーッと白洲（しらす）で這（は）いつくばるだろうし、奉行は一段高いところから、「控えおろう」なんて威張っているにきまっている。対等とは程遠いのである。

ここで、ひとつ英語の問題を出してみたい。弁護士という言葉を英訳するとどうなるか……?　〝ロイヤー〟(lawyer)という答えが多く返って来そうだが、厳密にいうとロイヤーは〝法律家〟という意味である。つまり、弁護士も検事も裁判官も法律学者も法制局の役人も、すべてロイヤーなわけで、数学的にいうと、弁護士は必ずロイヤーであるが、ロイヤーは必ずしも弁護士とは限らない。

では、弁護士の英訳は何かといえば〝アトーネイ〟(attorney)である。一方、検事の英訳は、といえば、これも同じく〝アトーネイ〟だ。〝アトーネイ〟とは、本来〝代理人〟という意味である。それがどうして、転じて弁護士と検事という二つの意味を持つに至ったのかといえば、さきほどの〝レーガン対小室裁判〟を思い出してもらえばよくわかる。本来なら、レーガンと小室が丁々発止と議論を戦わせて、論破したほうが勝ち。レーガンが勝てば小室はデス・バイ・ハンギングとなり、小室が勝てば無罪放免となるはずだが、実際にはレーガンは役者上がりで法律など知らない。小室のほうも数学には強いが法律には疎い。となれば、丁々発止の議論などとても不可能だ。そこでレーガンは検事を代理に雇って弁論をやらせ、小室は弁護士を代理に雇って弁論をやらせる、という形に落ち着くのである。

　弁護士、検事はともに代理人。したがって、同じ〝アトーネイ〟という言葉で言い表わされる。日本では、弁護士は自由業で検事はお役人と見られるのが普通だが、欧米諸国では、ロイヤーという資格を持った人がいて、たまたま政府に雇われれば検事という役割を演じ、たまたま個人に雇われれば弁護士という役割を演ずるという形になっている。

　だから、アメリカでは、検事と悪党の親玉（あるいはその代理人）との取引なんて普通のことである。と言うと、日本ではえらくスキャンダラスに聞こえるが、実は、そうではない。これもまた、検事の一般市民に対するサービスの一つなのである。

検事が、マフィアかシンジケートの大親分をつかまえる。といっても、これほどの大親分ともなると、わるがしこくて、ふだんから悪徳弁護士をゴマンと雇って、法の抜け道をよく研究しているから、ちょっとやそっとでは尻尾を出さない。辣腕の検事でも、証拠をみつけて起訴するのは難事中の難事。この殺しは、こいつがやったのだと判っていても、証拠が挙がらない。

こんな時に検事は、悪党の親分に、バーボンでも軽くおごって、肩をたたいて言う「どうだ、懲役二〇年で手を打たないか」と。

敵もさるもの、ここでバーゲンが始まる「ん？　二〇年は長すぎる。一〇年なら考えてもいいナ。ところで、上院選挙も近づいているという話じゃないか」とか言う。

証拠が全部そろえば死刑にきまっているのだが、それには時間も金もかかる。検事も、そうは待てないから、とりあえず一〇年ブチ込んで、その間の市民の安全を確保しようというわけだ。

ご存じのとおり、アメリカの刑事訴訟法では、検事が求刑して被告が争わなければ、それで裁判はおしまい。検事の求刑どおりに自動的に決まってしまうことになる。

近代市民法と古代社会の法の違い

そして、裁判官だが、これは行政権力とはまったく別の第三の権力である。さきほど述べたように、政府、すなわち行政権力といえども、裁判所においてはギャングの親玉と対等。言い換えれば、これは、国家でさえも一段上のものではなく、市民の中の一人にすぎないという考え方だ。だからこそ、民法（シビルロー）が近代社会における基本法だということになるのである。というわけで、近代刑法は市民法としての性格を持っている。そして、市民法としての性格で一番大事なのは、一般法であるということ、すなわち誰に対しても同じように適用されるということである。

ところが、古代社会においては、刑法が基本法であり、その刑法は市民法としての性格を持っていなかった。たとえば、古代中国には、唐律（とうりつ）とか明律（みんりつ）とかいうものがあったのだが、その場合の〝律〟とは刑法の意味である。そして、この刑法の対象とされたのは一般民衆だけ。〝刑は士大夫に上らず〟という言葉もあるとおり、士大夫（国家の官僚）には刑法は適用されなかった。このように、身分によって適用されたり、されなかったりする法は、市民法とはいわない。では、高級官僚に対しては何が及んだのかというと、儒教的道徳だけが及ぶことになる。

つまり、高級官僚がけしからぬ行為をした場合には、皇帝がきれいな陶器の容器の中に毒饅頭を入れて、使いに持たせてやる。〝死を賜う〟ということだが、こうなると、あとは黙ってそれを食べて死ぬしかない。嫌だといって逃げ出しても社会的には完全に葬り去られる。そのため、皇帝のお使いの車の音を聞いただけで自殺する者も少なくなかった。

だから、高級官僚には刑法が及ばないといえば、一見大変な特権階級のようにも思えるが、実際には、特権どころか裁判を起こす権利もないわけで、皇帝が誤解したとしても、その誤解を正すことすら許されなかったのである。

それに対して、近代市民法の特徴は、すべての人間が法的主体であり、法的自由を持っている。具体的にいうと、裁判を起こす権利と裁判を受ける権利を持っており、何人（なんぴと）といえども、裁判という手続きを踏まずして国家権力の強制措置を受けることはない。つまり、刑法の場合なら、裁判を受けることなくして刑罰を加えられることがなく、民法の場合にも裁判を受けることなしに、財産を没収されたり、賠償金を支払わされたりすることはない。ここに、古代社会の法と、近代デモクラシー社会における法との大きな違いがあるのである。

きわめて数学的な概念、「所有」とは何か

次に、裁判の話に関連して、公認会計士の話をちょっと採（と）り上げてみたい。まず、読者に一つ考えてほしいのだが、アメリカでは公認会計士は厳しければ厳しいほど評判がよく、逆に日本の公認会計士は、甘ければ甘いほど評判がいいのは、いったいなぜか……？

その違いは、誰が公認会計士を雇うかにある。アメリカでは、株主が公認会計士を雇うのに対して、日本では経営者が公認会計士を雇うからである。近代資本制社会に

おいて、株式会社は株主の私有財産であり、しかも株主だけのものだから、株主が、自分の財産である株式会社を、経営者がうまくやってくれているか、ドジを踏んでいないかと監督したいと思うのは当然である。しかし、なにぶん、株式会社の組織はひじょうに複雑だから、素人である株主にはちょっとわかりにくい。そこで、法律に疎い原告や被告が検事や弁護士を雇うように、株主は代理人として公認会計士を雇って、自分の代わりに経営者を監督させるわけである。

いってみれば、株主が原告で経営者が被告、公認会計士は最終決定も下すわけだから検事兼裁判官。アメリカでは公認会計士が厳しければ厳しいほどいい、という意味もおわかりだろう。

それに対して、日本では経営者、社長が公認会計士を雇うのだから、甘ければ甘いほどいいに決まっているのだが、この形態は、近代欧米的な考え方からすれば何とも奇妙奇天烈である。いわば、被告が裁判官を雇っているようなもので、本来なら、裁判官が管財人の弁護士から贈り物をもらう以上の一大スキャンダルに他ならない。

にもかかわらず、そんな一大スキャンダルが平気でまかりとおるのだから、日本というのはまことに不思議な国だといわざるを得ない。すなわち、日本では、近代資本制社会における所有概念がひじょうに曖昧（あいまい）なのである。

近代所有概念とは、実はきわめて数学的なものであって、その特徴の第一は、抽象的ということ。わかりやすくいうと、所有とは、所有権のことであって、実際に手に持っているとか、実際に監督できるとかとは関係がない。

第二には、絶対であること。言い換えれば、自分が所有していればどんなことをやってもいい。民法や商法の規定によれば、使用、収益、処分という言葉を使うのだが、つまり、所有していれば、どう使用してもよく、どのような利益を上げてもよく、どのように処分してもいい。

そして第三には、直和性（ちょくわ）ということ。これも、数学的概念なのだが、要するに、所有においては、あるものが誰に属するのかが一義的に決まることを指す。この場合、それは、共有とか総有とかいうことと矛盾するものではなく、所有する主体が複数なら共有、総有も直和性であるといえる。つまり、近代所有概念では、自分のもののようでもあるし、自分のものでないようでもある、ということだけは絶対にあり得ないのである。

以上の三つの性質があるのが、近代的所有の特徴であり、これがあって初めて近代資本制社会が動き得る。すなわち、近代所有概念があってはじめて、商品流通が活性化し、資本の流通も可能となる。「商品」が自分のもののようでもあり、ないようでもあるという場合には、商品流通は意味がなくなる。ところが、残念ながら、日本人にとっては、こうした所有概念が、数学的、論理的であるためにひじょうに異質で、わかりにくい面が多い。

日本人にはわかりにくい所有の概念

まず、第一番目に、抽象的であるという点だが、日本では抽象的な所有など所有ではない。たとえば、日本には〝役得(やくとく)〟という言葉があって、自分のものではないのだけれど、実際に自分が手にしたものだから、そこから適当に利益を得てしまおう、などといったことが許されたりもする。こんなのは、近代的所有概念とは正反対のものだ。

第二に、日本では所有は絶対ではない。たとえば徳川時代に将軍家から馬を拝領したとして、その馬を使って浅草あたりでサーカスをやったとしたらどうだろう。「イラハイ、イラハイ、これは家光公から拝領の白馬でござあい！」などといってサーカスをやったら、まず間違いなく打首ものである。神君家康公より拝領の皿を割った罪を着せられて死んだお菊さんの幽霊でおなじみ「番町皿屋敷」にしても然り。要するに、日本では自分のものといえども、使用、収益、処分が勝手にできない。

もう一つ例を挙げると、大阪・船場の老舗の店の場合だが、跡とりのぼんぼんが跡を継いだとして、さて、その店はいったい誰のものだろう？　本来なら、店は跡とり息子のもので、たとえば、代々油屋だったのをコロッと止めて、映画会社を作ろうと言っても自由なはずだ。ところが現実には、まずそんなことは許されない。親戚がしゃしゃり出て「そんなことをしたのではご先祖様に申し訳ない」と言い張るだろうし、番頭も「私の目の黒いうちは、そんなことは許しません」と言うだろう。これではいったい、この店は、跡とり息子のものなのか、ご先祖様のものなのか、親戚一同のものなのか、それとも番頭をはじめとする従業員一同のものなのか、さっぱりわからない。所有が絶対ではないのである。

アメリカでなら、けっしてこうした曖昧(あいまい)な事態は起こり得ない。たとえば、かの大富豪ハワード・ヒューズなどは、ボーリング（といっても玉転がしではなく石油の井戸掘りのほう）で大もうけをした父親の会社を高校生のときに継いだのだが、「大学ぐらいは出ておけ」という親戚の意見など一切(いっさい)無視し、「自分は才能があるから高校を出るだけで十分だ」といって、ボーリング会社のほかに、勝手に映画会社を作ってしまった。もちろん、親戚の反対はあったのだが、「これは俺の財産だ。何に投資しようと勝手じゃないか」と言えば、それまでなのだ。ここでは、所有は絶対という考えがきちんと貫かれている。

日本では、一見近代的な株式会社においてすら、所有者が判然としていない。株主のもののようでもあり、社長のもののようでもあり、従業員一同のもののようでもあり、という具合である。そして、時には創立者のもののようでもある、という場合もある。

たとえば、昔有名だった倒産した安宅産業では、安宅の子孫は、最後は株すらほとんど持っていなかったので、株主ではなく、無能だったから経営者でもなく、いわんや労働者でもなかったわけだが、創立者の子孫であるというだけで、大変な発言権を持っていた。まさに、日本ならではの非論理的なエピソードといえよう。

敵と味方を直和分解して考えない日本社会

さて、最後に、直和性についての話だが、先述の園田外相がサウジアラビアを訪れた際、こう言われたそうだ。

「サウジアラビアは現在、フォードと敵対している。そのフォードとトヨタが共同で事業をするそうだが、そうすると、トヨタもやはりサウジアラビアの敵と見なす。どうするか、よく考えるようトヨタに伝えてくれ」。

これは、敵と味方をはっきり直和分解して捉えるというものの考え方である。つまり、敵の代理人、敵の同盟者も同じく敵であるとするわけだ。

ところが、日本では、この直和分解するというものの考え方がほとんど欠落している。それは、広告業界を例に採ってみれば一番よくわかるのだが、日本の大手の広告代理店は、日本のウイスキーの二大メーカーであるサントリーとニッカの広告をともに取り扱っている。同様にキリンビールとサッポロビール、資生堂とカネボウ、森永と明治、などといったライバル会社の広告を両方とも作るのである。

これは、アメリカの広告関係の人間にとってはまさに驚くべきことで、アメリカでは、たとえば、AとBという二大ウイスキーメーカーがあったとして、ある広告代理店がA社の広告を引き受けたとすれば、B社は敵となるわけで、B社の広告も同時にやるなどということは絶対にあり得ない。日本でも、弁護士については、法律によって、原告と被告両方の弁護を兼任するのは禁止されており、両方から金を貰っては汚職になる。しかし、会社の代理人である広告代理店の場合には、汚職まがいのことを平気でやっている。そして、こうした非論理的なことがまかり通るというのも、そもそも数学的発想がないためである。

直和性についてもうひとついえば、マルキシズムにおける資本家と労働者というのも、本来生産手段を所有するかどうかで直和的に区別されるものなのだが、日本では、前述のとおり、会社の所有すら誰のものかはっきりせず、当然、生産手段の所有者だって明確ではない。とすれば、誰が資本家で誰が労働者かというのもさっぱりわからず、剰余価値だって、搾取しているようでもあり、搾取されているようでもあり、ということになってしまう。これでは、果たして資本制社会なのかどうかについても首を傾げざるを得ない。資本制的常識からいっても、日本というのはひじょうに奇妙奇天烈な国なのである。

第3章

〈必要条件と十分条件〉

矛盾点を明確に摑む法

——論理学を駆使するための基本テクニック

1　論理矛盾は、どこから生まれるか
「必要条件」と「十分条件」を峻別する意義

高名な経済学者が平気で犯した〝論理矛盾〟

数学の論理の中の大事な要素として、「必要条件」と「十分条件」というものがあることは、誰しもご存じのことだろう。しかし、必要条件と十分条件がどう違うかについては、はっきりと理解している人は少ないのではなかろうか。数学の論理を自分のものにするには、この必要条件と十分条件の違いを知ることが不可欠なので、この章では、それについて述べてみたい。

まず、私の体験から採(と)りあげてみよう。私は、ある学者の会合で「経済学を勉強するためには、数学は絶対に必要不可欠である」ということを、いろいろな例を挙げながら話したことがある。すると、講演が終わった後で、一人の老経済学者が私のところにやってきて、こう言った。「君はそんなことを言うが、数学をどんなに勉強したって、それだけでは経済学などわかりっこない」。さらに、向こうはいろいろと例を挙げて「そういうわけで、僕は君の意見に賛成することはできない」と言うのである。そこで、すかさず私は「先生のおっしゃることは、まことにお説ごもっともです」と答えた。と、今度は「何だ、君はたちまち自説を撤回するのか。無節操きわまりない」と畳みかけてきた。

しかし、必要条件と十分条件ということを頭に置いて考えるなら、私の主張はまったく矛盾していないことがすぐにわかる。私が言ったのは経済学の勉強における数学の必要性であり、それに対して、その教授が言ったのは、それだけでは十分ではない、ということなのだ。必要であることと、十分でないこととは、何ら矛盾しないのである。

ところが、社会科学者の場合には、今挙げた教授をはじめとして、たいていは論理というものをよく勉強していないために、必要条件と十分条件との区別すらつかない。そこで、自らの論理の矛盾に気づきもせず、わけのわからぬことを言って平然としている、といったケースがよくある。だが、必要性と十分性とは、本来対蹠（たいしょ）的な概念であり、これを混同したのでは、論理はいっさい成り立たなくなってしまう。

必要条件と十分条件の違い

では、必要条件とは何かといえば、パスポートをイメージしてみるとわかりやすいだろう。外国に行った経験のある方なら、当然よくおわかりのことだろうが、パスポートなしに、どこかの国に入国することは絶対にできない。つまり、パスポートは、外国に入国するための必要条件なのである。だが、パスポートだけで入国できるかといえば、これは不可能である。入国カードも一緒に持っていなくては門前払いをされてしまう。ということは、パスポートは、入国のための十分条件ではないということである。

必要条件に話を戻すと、入国のために、パスポートは必要条件。入国カードも同様に必要条件。さらには、最近では必要でなくなってきている国も増えているようだが、まだ一部の国ではビザというのも必要条件。そして、予防注射の証明をしてくれるイエローカードが必要条件とされている国々だってある。

それでは逆に、入国のための十分条件とは何か。ある国では、パスポートと入国カードだけで十分条件であり、またある国では、それらにさらにビザをプラスして初めて十分条件となることもあり、以上三つにイエローカードをプラスして、四つ合わせて十分条件というケースもある。

右の例でよくわかるように、必要条件は一つに限らない。いくつでもあり得る。同様に十分条件も一つに限られることはなく、いくつでもあり得る。このことを、まずしっかりと頭にいれておいてほしい。

別な例として、たとえば、哺乳類というものを考えてみよう。人間はすべて哺乳類であるから、「人間である」ということは、哺乳類であるための十分条件である。では、犬はどうかといえば、犬だってやはり哺乳類であるための十分条件。同様に、猫も熊もライオンも虎も、そして鯨だって十分条件である。こうして考えてみると、哺乳類であるということに関しては、十分条件がずいぶんたくさんあることがわかる。しかし、哺乳類であるためには、人間でなければならないということはけっして言えないのだから、人間であることは、哺乳類であるための必要条件とは言えない。同じく犬も猫も熊も、どれひとつとして必要条件ではないわけだ。哺乳類の必要条件としては、温血(おんけつ)であること、胎生であること、肺呼吸をすること、さらに乳を飲んで育つことなどが挙げられる。

日常的な例で数学的発想を鍛える

必要条件と十分条件の違いは前述のとおりなのだが、さてそれでは、この二つをくっつけた必要十分条件とは何か。パスポートの例でいえば、パスポートは入国のための必要条件ではあったが十分条件ではなかった。人間であることも、哺乳類であることの十分条件ではあったが、必要条件ではない。このように、必要条件ではあるが十分条件ではない、十分条件ではあるが必要条件ではない、というケースのほうが普通は多いのだが、中には、必要条件であると同時に十分条件でもあるというケースもある。

これを「必要十分条件」、または「同値（どうち）」と呼ぶのである。

具体的な例でいえば、男であることと、男性器を持っているということが挙げられる。男であれば必ず男性器を持っているし、男性器があれば、それは男に決まっている。つまり、生物学的に男であることは、男性器を持っているための必要条件であり、かつまた十分条件でもあるわけで、すなわち必要十分条件といえる。そしてまた、男性器を持っていることも男であるための必要十分条件となる。したがって男であることと、男性器を持っていることとは同値であるとされるわけである。

男に関して今述べたことが成り立つのだから、女についても当然同じことがいえる。即ち、女であることと、女性器があるということは必要かつ十分条件、言い換えれば、同値なのである。

ところで、さきほど、必要条件は一つとは限らずいくつでもあり得るし、十分条件も同様、と述べたが、必要十分条件というものは表現は違っても、論理的にたった一つしかない。

ここで、純粋に数学的な命題で、必要条件、十分条件、必要十分条件の例を挙げてみると、こうなる。今、自然数について考えてみよう。

（xが3で割り切れる）というのは（xが6で割り切れる）ための必要条件である。

（xが6で割り切れる）は、（xが3で割り切れる）ための十分条件である。

そして（xは奇数である）というのは（x^2は奇数である）というための必要十分条件であって、この二つの命題は同値ということになる（ただし、同値で表現の違うものは多数ありうる）。

いかがだろうか。日常的な部分において、必要条件、十分条件、必要十分条件というものが理解できれば、数学の命題について理解するのは、そうむずかしいことではない。

それでは、ここで一つ練習問題に挑戦してもらいたい。「三等辺三角形と三等角三角形との関係や如何（いかに）？」

これは、ともに正三角形のことだから、明らかに同値である。

では次に、「四等辺四角形と四等角四角形についてはどうだろう？」

これは同値ではあり得ない。なぜなら、四等辺四角形には正方形の他に、正方形ではない菱型があるわけだし、四等角四角形には正方形と、正方形ではない長方形とがあるのだから。

同値という数学用語ではもうひとつピンとこないかもしれないが、実は何のことはない、同値とは、二つのことがまったく論理的に同じことを意味しているというだけのことなのだ。このように数学など、わかった気にさえなれば、簡単にわかってしまうわけである。

古代ユダヤ教における預言者の役目

古代ユダヤ教の考え方がきわめて数学的、論理的であり、日本人の考え方とはいかに差があるかは、すでに詳しく述べたとおりだが、その古代ユダヤの民にしても、必要条件と十分条件との相克(そうこく)においては、ずいぶんと悩まされてきた。

それは、預言者というものの存在に関して端的に見られるのだが、預言者という概念は日本人には、ちょっと理解しにくい。預言者とは、英語でいえばプロフェットであり、フォーチュン・テラー、つまり予言者(うらないし)ではないのである。日本語の場合には、プロフェットとフォーチュン・テラーの区別が明確でないために、預言者といえば、どの馬が一番になるかという競馬の予想をしたり、株が上がるか下がるかを予想したり、あるいは落とした財布はどこを探せば見つかるか、などといったことを言い当ててくれる人のことのように思われがちだが、こういう人物はフォーチュン・テラーという。

では、プロフェットとはいかなる者かといえば、ユダヤの民が、神との契約を破った際に現われて「このままでは神は汝らを打ち滅ぼすであろう」という警告を発する、神の代理人のことなのである。

古代ユダヤ教においては、神との契約を守ることが救済のための必要十分条件である(これについては、次節で詳述したい)。ところが、それにもかかわらず、ユダヤの民は、なかなか神との契約を守らない。すると、論理的にはどうなるのかといえば、ユダヤの民は滅ぼされざるを得ないことになる。しかし、それでは当然困ってしまうので、歯止めが必要となってくる。その歯止めこそが、預言者、つまりプロフェットなのである。

したがって、古代ユダヤの社会には、プロフェットがずいぶん出現するわけだが、たとえば、ダビデ大王の時代に現われたナタンなどもその代表である。

ダビデ大王が何をしたために預言者が出現したのかというと、ウリヤという自分の兵士の妻を奪ってしまったからである。ウリヤの妻はバスシェバといって、絶世の美人だったのだが、ダビデ王は彼女が王宮の近くで行水をしているのに目を留めて、何とかものにしてやろうと思う。そこで王はウリヤを前線に行かせ、しかも軍の司令官に命令を下して、ウリヤにことさら危険な任務を与えさせる。案の定、ウリヤは戦死し、王はまんまとバスシェバを手中に納めた。すると、そこでナタンが登場し、「そんな神との契約に反する行為をしたのでは、わが国は滅びるしかない」とさんざんダビデ王を叱りつける、という筋書になるのである。

『旧約聖書』に出て来るエゼキエルという人物も、やはりプロフェットで、彼は「汝ら、ユダヤの民は神との契約を破った。だからわが僕、ネブカドネッサルをして汝を討たしむるなり」と言い放つのだが、その預言どおり、ユダヤ王国は新バビロニアのネブカドネッサル大王に攻め滅ぼされ、ユダヤの民はバビロンに幽囚されてしまう。

このように、プロフェットとは、神との契約を思い出させるために、神から遣わされた存在である。だから、プロフェットであることが証明されたなら、国王だって、その前に跪かざるを得ない。

しかし、ここで、問題が出てくる。プロフェットは、自らが真のプロフェットであることを示すために、証しを立てなければいけない。そしてその証しとは、奇跡を起こすことなのである。奇跡とは、起こるはずのないことが起こるということだが、そもそも神の御業とは絶対的なものである。だから、起こるはずのないことが起こったとすれば、それは神の力が働いた証明としてよい。つまり、奇跡が起こせるなら真のプロフェットだ、ということになるわけである。

実際、エリヤというプロフェットは、「雨乞い競争」で雨を降らせたり、「アッ」と言っただけで稲妻を呼び寄せてパール神の坊主どもを焼き尽くす、などという奇跡を惹き起こしている。

なぜ、預言者は悲劇的運命をたどるか

　ところで論理的にいえば、奇跡を起こすことは、プロフェットにとって必要条件であろうか、それとも十分条件であろうか……？

　奇跡を起こす者のことをプロフェットというのだから、これは当然、十分条件である。しかし、現象形態的に見ると、奇跡を起こさなくてはプロフェットとは見なされ得ないのだから、これは必要条件となる。実は、ここがまさに大問題なのである。

　旧約聖書においては、魔術師と女魔術師は、これを殺すべしと記されており、魔術は禁止されている。ところが、プロフェットの惹き起こす奇跡は、下手をすると魔術とも見なされかねないわけで、逆に、魔術を使って奇跡のように見せかける偽プロフェットだっている。つまり、現象形態として、表面上奇跡に見えることを惹き起こすのはプロフェットとしての必要条件で、もしそれが本物の奇跡ならば十分条件となる。

そこで、ユダヤの民は、果たして本物のプロフェットかどうかの見分けがつかず、ずいぶん悩んだ。もし本物のプロフェットが出現したのなら、彼らは悔い改めなければならない。これは、彼らの現実生活を否定することであり、心理的抵抗が大きい。だから、プロフェットが奇跡を起こしても、ユダヤの民はなんだかんだとケチをつけて、彼を偽プロフェットにしたがる。そうなると、当然、プロフェットの生涯は悲劇的なものにならざるを得ない。石もて追われたり、餓死したり、殺されたりして、必ずや不幸な死に様（ざま）となってしまうのである。

プロフェットの悲劇の関連で、われわれが一番よく知っているのは、イエス・キリストだろう。新約聖書にも書かれているように、キリストが、最初奇跡に次ぐ奇跡を起こしたとき、ユダヤの民衆は「キリストは悪魔である。悪魔の王ベルゼブルの力を借りて魔術を行なっているのだ」と非難した。そこで、皆がキリストを殺そうと考え、国王のスパイであるパリサイ人なども、キリストの許へやって来て、いろいろと無理難題を吹っかけたりした。

たとえば、マグダラのマリヤと思われる娼婦に人々が石を投げていたとき、パリサイ人はキリストにこう問うたりする。「汝、この女を許すや否や？」。彼らの論理で言えば「もし、お前がこの女を許すというのなら、ユダヤの法に違反することになる。もし罰しろというのなら、お前の説く〝愛〟というのは嘘ではないか」となるわけである。そのとき、キリストは「もし、あなたが罪を犯したことが一度もないのなら石を投げなさい。しかし、罪を一度でも犯したことがあるなら、石を投げてはいけません」という有名な言葉で、パリサイ人の落とし穴から逃(のが)れた。

また、悪魔に試みられた話も有名である。「お前が神だというのなら、この崖から落ちてみろ、神ならば死ぬはずはないのだから」と言って試されたときに、キリストは有名な「汝、神を試みることなかれ」というセリフで窮地を脱したわけである。

そんな具合で、キリストは優(すぐ)れたレトリックを使って、彼らの陰謀からうまく逃げたわけだが、それでも結局、最後は十字架に掛けられて果てるのである。いわば、このキリストの死も、必要条件と十分条件の相克(そうこく)のなせる業(わざ)だと言えるのである。

2　人間の精神活動を数学的に読む
宗教・イデオロギーの骨子とは何か

神と大論争を展開したヨブの論理

さて、それでは次に、必要十分条件という数学的な論理から、宗教について考えてみたい。宗教とは、一言で言えば、人間が救済されるための保証機関のようなものだが、ユダヤ教の場合には、すでに述べたように神との契約を守ることが、そのための必要十分条件となっている。また、仏教の場合には、悟りを開くことが救済のための必要十分条件であり、キリスト教の場合には、自らの内面において神を信じることが救済のための必要十分条件である。

より具体的にいえば、ユダヤ教の場合には、キャノン（大砲のことではない！　念のため）という、神との契約を文書化したもの、つまり、宗教における法規集に書かれている内容どおりの行動さえしていればいいわけだ。割礼をしました、十分の一税も納めました、豚は食べません、イカ、タコも食べません、というふうにやっていれば、神様が「うん、よし、あとはわしに任せておけ」と救済を保証してくれる。つまり、ユダヤ人は、外面的行動においてだけ戒律に従っていれば、神の恩寵によって救済されることになっている。だから、見掛けは厳格なようだが、その実、ユダヤ教ほど生っちょろい宗教はないとも言える。

しかし、ユダヤ教の中にも例外はある。『ヨブ記』がそれで、その行動に一点非の打ちどころのないヨブという人物が神の試練を受けるというのが、その内容である。まず、ヨブの娘と息子は全部殺されてしまい、財産も全部失って、しまいにはヨブ自身が癩病のようなひどい病気にかかる。そこで、ヨブは神様と大論争を展開することになる。

「私は、神様の言ったとおりにすべてしました。何ひとつ違反していません。それなのに、なぜこんなひどい目に遭うのですか……」

つまり、必要十分条件を満たしたのに救済されないのは論理的におかしい、神の契約違反ではないか、というわけである。ところが、論理の持ち合わせのない日本人の牧師は、これをこう解釈してしまう。「ヨブが神の試練を受けるのももっともである。何となれば、彼は神と討論をするなどという不逞(ふてい)な心を秘めていたのだから。それを神はちゃんとお見通しで、試練を与えて、不逞な心をなくしたときに、初めて彼を救済するのだ」と。

いかにも日本的だが、論理のある国では到底こんな解釈は成り立たない。何しろ、必要十分条件を満たしているのに救済されないということは、あり得べからざることなのだから。そこで、旧約聖書における『ヨブ記』は、いまだに解釈の困難な難問になっており、神の信義を問うという〝神義論(テオディツェー)〟の問題も生じてくるのである。

「死ねば成仏」――日本人の恐るべき仏教誤読

〝神義論〟については、形こそ違え、中国などにおいても見ることができる。たとえば、司馬遷(しばせん)の『史記(しき)』を読むと「天道是(ぜ)なるか非なるか」などという記述がある。これは、自分は正しいことをやったにもかかわらず宮刑（去勢の刑）に処せられたという思いのある彼にとっては、実に切実な問題だったに違いない。振り返って歴史を見ても、伯夷、斉のような完璧なる義人が餓死したり、逆に盗跖のようなギャングの親玉が栄華を誇ったりしている。これでいいものだろうか、規範を守ることは、救済のための必要かつ十分条件ではないのか、と悩むのである。

ところが、日本人は、そんなことに悩みはしない。世の中はとかくままならないものだから、とかなんとか言って、あやふやにしてしまう。だから、日本には神義論などあり得ようはずもなく、宗教に関する論理的アプローチもあり得ない。

したがって、日本人は、論理がないばかりに、仏教に関しても恐るべき誤読をする。前述のように、仏教では、悟りを開くことが救済のための必要十分条件であり、いわば仏教とは、悟りを開くための宗教といえる。では、悟りを開けばどういう状態になるかといえば、輪廻の法則の外に飛び出してしまうわけで、そういう状態を「成仏」と呼ぶわけである。

仏教に輪廻の思想というのがあることは読者もご存じのことだろうが、この思想の基本には、カーストの考え方がある。仏教の発祥地・インドにおけるカーストとは、バラモン（司祭者）、ルーリング・クラス（主としてクシャトリア、王族・武士）、ヴァイシャ（一般庶民）、シュードラ（奴隷）の四階級に人間を区分するが、インド人は、こうしたカーストの考え方をさらに延長させて、人間の上にはさらに神（天上）のカーストがあり、人間の下にも修羅（しゅら）、餓鬼（がき）、畜生（ちくしょう）、地獄（じごく）というカーストが順にあると考えたのである。そして、前世までの行動によって、来世は、その地位が上がったり下がったりするというのが、輪廻の思想である。

言い換えれば、それは経済学でいう景気循環のようなもので、不況の最中に多額の設備投資をしたからとて、景気は急にはよくならない。しかし、やがて乗数効果や加速度原理が働いて、景気が回復し、繁栄の時期がくる。

これと同じで、現世で恵まれない人が大きな善行をしたとしても、それがすぐに効果を産むとは限らない。しかし、現世で善行を数多く成した人間は、来世では天上に生まれ変わったり、人間でも王侯や大金持ちに生まれ変わることも可能だ。逆に、現世で悪いことばかりしていた人間は、来世で豚になってしまう、なんてことも起こってくるという考えなのである。

ところが、悟りを開いてしまうと、その人間は、もはや輪廻の法則に支配されなくなる。つまり、毎秒八キロ以上の高速度がつけば、人工衛星も地球の引力圏の外に飛び出すことができるのと同じことで、悟りを開くや、その人間は輪廻の世界から一気に飛び出して、仏になってしまうのである。

ところで、この仏だが、これにも誤解がある。つまり仏というのは、生きているか死んでいるかということは関係がない。生きているうちにでも、うまく悟りを開けば、生きながらにして仏になれる。

しかし、日本人には、こういう仏教の論理がまるでわからない。だから、成仏とは死ぬことだと考え、死んだ人に対して仏という言葉を使う。これは、言葉の使い方からしてベラボウであって、死んだら自動的に悟りが開けるなんてことになったら、仏教思想は、その根底から崩れてしまうのである。

救済を保証しないからこそ、仏教は難解

ところで、仏教は、ユダヤ教と比べると、ある意味では、はるかに残酷な宗教であると言える。なぜなら、ユダヤ教の場合には、すでに述べたとおり、キャノンに書かれたとおりの行動さえしていれば、神様が救済（サルヴェーション）を請け負ってくれるのに対し、仏教では、悟りを開くことが救済のための必要十分条件であることはわかっているが、その悟りを開くための必要十分条件は、どんな経典を読んだって、何ひとつ書かれていないのだから。

ということは、ある日突然に悟りが開けるかもしれないし、また逆に、どれほどものすごく厳しい修業を積んだところで悟りは開けないかもしれない。そこで、論理的なインドの高僧たちは、どうすれば悟りが開けるかという問題をかかえて、悩みに悩む。そのために気が狂って死んでしまったとか、死んで鬼になったとかいう話が数多く残されているほどだ。ところが、日本の僧侶が、悟りが開けるかどうかに悩んで狂

い死にした、という話などまるで聞いたことがない。というのも、彼らには必要十分条件という考え方がなく、したがって、ことさら悩むこともなかったからである。

すでに何度も述べたように、ユダヤ教においては、キャノンに書かれたとおりに行なうことが、救済のための必要十分条件であるが、仏教の場合には、キャノンそのものがない。つまり、仏教は救済を保証していない。だから、自分より以前に見事に悟りを開いて「仏（ほとけ）」になった人間（正確にいえば元人間なのだが）をよく観察して、同じ行動を真似したからといって、駄目なものは所詮（しょせん）、駄目。しかも、悟りの状態とはどういうものなのか、さっぱりわからない。悟りとは何か、ということも経典にはまったく書かれていない。とはいっても、悟りの状態というのは紛（まぎ）れもなく存在するとされる。

したがって、仏教に限っては、特別にお経など読まなくとも、勝手に悟りを開いてしまう〝独覚（どくかく）〟ということもあり得る。これは、ユダヤ教ではまったく考えられないことで、キャノンを読まず、キャノンに書いてあることを実践しなければ、神様は「そんな奴の救済など、わしゃ知らん」というように定まっている。

ところが、仏教の場合には、お経はキャノンではないわけだから、どれだけお経を読んでも救済されないし、お経なんかちっとも読まなくても救済されるかもしれない。仏教のお経とは、たとえて言えば、ハウツウものの本と同じである。たとえば、〝ハウツウ金儲け〟という本があったとしても、それを読んでも儲からない奴は儲からないし、そんなものを読まなくても儲かる奴は儲かる。お経にしても、熱心に読めば、悟りを開く確率が増すといった程度のものと考えておけば、間違いない。

確率とは、実は数学の概念の重要なものの一つだが、確率はいくら増したからといっても、必ずそうなるというものではない。一〇〇万分の六の確率でも起こってしまうこともある。一方、九九・九九％の確率でも起こらないことだってあるわけで、その辺のところを仏教は一切保証してくれない。ここが必要十分条件でないという所以(ゆえん)なのである。

仏教とユダヤ教では戒律は数学的に正反対

こうした状況をよく表わしているのが『維摩経』である。このお経の主人公は、維摩居士という人物だが、彼は俗人であるにもかかわらず、独りで悟りを開いてしまった。そこで、お釈迦様の弟子で、戒律を完全に守って学問も十分にし、徳は高いがまだ悟りは開けていないという多くの人たちのところへ行って、一人ずつ冷かして歩いた。

「お前さんは、そんなに行ないすましているけれど、まだまだだなあ」と。そんなことをしているものだから、維摩居士が病気になって寝込んでしまい、お釈迦様が弟子を呼びつけて見舞いに行くように命じても、弟子たちは皆断わる。「あんな嫌みなことばかりいう人のところに誰が行けるものですか」と言った。これが、つまり『維摩経』の内容なのである。

この維摩居士は、なかなかのしたたか者で、お経も読まなければ戒律だって守らない。だから悪魔が維摩居士を誘惑しようとして、魔女を天下の美女に仕立てて維摩居士の許に遣わしたとき、彼は神通力を持っているから、これは魔女だと、当然、見抜くわけだが、せっかくくれたものをタダで帰すのももったいないと言って、その魔女を妄にしてしまったりする。しかし仏教では、そんなことをしたって、悟りを開いてしまえば、それで文句なしなのである。

日本の一休禅師にしても、四十歳ぐらいまでは必死になって戒律を守って、学問に励むのだが、七十歳を越えてからは、盲目の美女と、ここで書くと発禁になりかねないようなポルノ的行為を繰り返している。しかし、悟りが開ければいいわけで、やはり彼は、れっきとした高僧なのだ。

そういうことから考えると、ユダヤ教の戒律と仏教の戒律とは、数学的に見て、まったく正反対のものだと言える。この二つは、見掛けが大変に似ているために、数学のわからない日本人には同じように見えてしまうのだが、ユダヤ教の戒律は、救済のための必要十分条件であるのに対して、仏教の戒律のほうは、救済のための必要十分条件ではもちろんなく、かつまた、必要条件でも十分条件でもないわけである。

確率論を決定論にすりかえた日本仏教の堕落

もちろん、日本人でも、たとえば聖徳太子のような天才的人物の場合には、仏教を本質的に理解していたのだろうが、ほとんどの日本人には、そういう理解は不可能なために、仏教はきわめて堕落した形でしか教えられていない。

その代表的な例が、地獄極楽絵図だろう。日本のごく一般的な民間仏教の象徴である地獄と極楽の対比などは、インチキ以外の何ものでもない。輪廻の思想では、死んで地獄や極楽に行くのではない。死んでから次に、地獄に生まれ変わったり、極楽に生まれ変わったりするのであり、死んだ状態では、地獄も極楽もあり得ないのである。

また、これも仏教の堕落した形の典型だが、日本ではいろいろなお経について教える際に、このお経はその功徳(くどく)によって悟りを開くことができるとか、来世においてより高い段階に生まれ変わることができるとか、またこのお経は、現世において金持ちになるためのものとか、病気を治すのに効果があるとかいって教える。

しかし、お経はキャノンでないことを考えてみると、これは当然おかしい。本来なら、このお経は、悟りを開く確率を増すもの、または、より上の段階に生まれ変われる確率を増すもの、あるいは、金持ちになる確率を増すものだと言うべきなのである。

つまり、日本の仏教は、数学的にいえば、確率という概念を、決定論的な概念にすりかえたもので、これがすなわち、仏教の堕落、通俗化と言われる根拠である。

ところが、日本人というのは困ったもので、この堕落した仏教でさえちっとも理解していない。論理的にいうとどういうことかと言えば、仮にここに、悟りを開くためのお経と、来世においてより高い段階に生まれ変わるためのお経があったとする。日本人の場合には、じゃあ両方のお経とも読めばすごくいいと考えるが、これは明らかに論理矛盾を犯している。もし悟りを開いてしまえば、輪廻の法則の外に出てしまうのだから、より上の段階に生まれ変わることはできない。逆に輪廻の法則の内にいるなら、悟りは開き得ない。

つまり、悟りを開くことと、来世でより高い段階に生まれ変わるということとは、けっして同時に起こらないのである。

仏教の思想でいえば、人間が死んだ後の状態には、実は三つのケースがあって、一つは悟りに到っている状態。二つめは、輪廻の法則の中にいる状態。そしてもうひとつ、死んだままの状態で、しばらくモラトリアム（執行猶予期間）を長引かせるというケースがある。

　ではここで、次のような事態を考えてみてほしい。あなたの父親が亡くなって、お坊さんがやって来たとする。そして「あなたのお父さんが死にましたが、あなたは、お父さんが死んで悟りを開くことを望みますか、それとも今生は貧乏でピーピーしていたようだから、来世では大金持ちになることを望みますか、あるいは、息子であるあなたのことを心配して、死んでからもいつまでもあなたの側にいてくれることを望みますか」と質問したとしよう。

　まず、間違いなく、あなたは、なんと理屈っぽい坊主なんだろう、と思うはずだ。そして「とにかく成仏してもらって、私のことを見守っていてくれさえすればいいんです」と言うのではないだろうか。

　しかし、これも明らかに論理的には矛盾しているのである。もし、成仏したとすれば、悟りを開いて輪廻の法則の外に出てしまうわけで、息子のことなんかに構ってはいられない。逆に、息子のことが可愛くて心配でしょうがないなどという煩悩を持っていたのでは、悟りが開けるはずがない。つまり、両方が同時に起こるということは、集合の論理からいって絶対にあり得ないわけである。

信仰が不十分とは、信仰していないのと同じ

インド人も中国人も、そして欧米人も皆、数学の論理でものを考えるわけだから、あり得ることはあり得る、あり得ないことはあり得ないということがよくわかっている。しかし、日本人だけは、両方同時になんて欲ばり、けっして起こり得ないことを、平気で望んだりする。まことに考え方が非数学的に出来上がっているわけである。

そして、それがために、日本人はキリスト教についても、とんでもない誤解をする。

『マタイ伝』を例に採ると、その中に、キリストの弟子が奇跡を起こすことができず、病気を治し損なって、キリストのところへ帰って来るシーンがある。そのとき、キリストは「信仰少なき者よ、汝ら、もし辛子種ほども信仰があったなら、この山を動かし、海の中に飛び込ませることだってできようものを」と言って叱ることになっているが、ここの部分は、明らかに誤訳である。

日本語で、信仰が少ないといえば、信仰が足りないということで、信仰はあるが、その分量が足りないという意味になる。すなわち日本の聖書によると、辛子種というきわめて小さいものくらいの信仰はあることになる。しかも、その程度の信仰で山が動かせるのなら、病人の一人や二人は治せないはずがない。ここは当然「信仰なき者よ」と訳さなければならない。英語でいうと、この部分は〝deficient in belief〟となっている。この〝deficient〟の意味は、分量が足りないなどということではなく、信仰するという〝条件を満たしていない〟ということなのだ。

〝deficient〟の反対語は〝sufficient〟で、〝sufficient condition〟といえば、十分条件のことなのだが、その十分条件が備わるとは、たとえば、三角形の十分条件が備われば三角形になり、日本人たる十分条件が備われば、その人はそれだけで、日本人であることが証明されたという意味である。とすれば、逆に、日本人として〝deficient〟であるということは、日本人としての条件を満たしていない、すなわち日本人ではないということになる。

したがって〝deficient in belief〟といえば「信仰が薄い」と訳すのではなく「信仰が

ない」と訳して初めて正しいことになる。

いうまでもないことだが、キリスト教においては、神を信じるか信じないかのどちらかしかない。信じるようでもあり、信じないようでもあり、ということはあり得ない。つまり、集合論でいえば、信仰の条件を備えていない人間は信仰していない人間の集合の中に含まれ、その集合は、信仰している人間の集合に対して補集合を成すのである。

だが、日本人の場合には、こういう集合論的な考え方がまるでないから、「あの人は、まだまだ信仰は不足しているけれど、信仰に対する態度はいいからまあまあじゃないか」などという曖昧な表現を使ったりする。もちろん、論理のある国々においても、一所懸命に神を信じようとする努力を認めないというのではない。ただし、まだ信仰が不十分な場合には、信仰していない人間と同じだ、と認める以外に道はありませんよ、と割り切ってしまうのである。

宗教戦争は、なぜ残虐になるか

ところで、ユダヤ教では外面的な行動こそがすべてである、ということをすでに述べたが、キリスト教においてはその逆で、内面こそが問題であり、内面における神との対決が宗教生活ということになっている。

したがって、いくら外面的に神を信じたふりをしていても、内面で信じていないのでは、キリスト教徒ではあり得ない。そういう輩(やから)は、ぶち殺そうと焼き殺そうと構わない、ということになる。宗教戦争における残虐さも、まさにそこに原因を求めることができる。

宗教戦争といえば、先記したが、ドイツの人口が半分にまでも減ってしまった「ドイツ三十年戦争」があまりにも有名だが、その根本には、キャノンの解釈の仕方の違いということが挙げられる。すでに述べたように、キャノンの内容は数学的な構造なのだが、その表現のほうは、何とかの定理とか、その証明という具合に数学的構造になっているわけではない。そのために、一読しただけではどうにもわかりにくい。

そこで、表現も数学的構造に直して、何をやれば救済されるのかをはっきりさせようという、いわゆる〝解釈〟の必要が生じてくる。だから、どんな宗教でも、まず何が正しいキャノンであるかを特定化して、それをテキストとして定め、次に、それに注釈をつけて解釈の意味内容を限定する。とすると、当然、違うテキストを用いれば違う宗教になり、また、違う解釈をしても違う宗教になってしまう。

また、あるグループから見て、違う解釈をしているグループは、神との契約をしていないグループと見なされることになる。ユダヤ教、キリスト教、イスラム教の契約概念によれば、神との契約は絶対的なものであり、神との契約を結んでこそ、初めて法的権利の主体たる人間として認められるのだから、その神との契約をしていない者は「人間ではない、非人間だ」ということになる。そして非人間なら、殺したって何をしたって構わないという論理になる。

つまり、宗教戦争は起こるべくして起こったといえる。もちろん、単に、人間ではないという判断からだけでは、必ず殺さなくてはならない、という過激な理屈は出てこない。だが、自分の解釈が絶対的に正しいとすれば、正しくない解釈をする者たちは、神との契約を曲解し、神の教えを曲げているのであるから、悪魔の手先に等しい。ゆえに、殺してもよいどころか、むしろ積極的に殺戮すべきだということになり、宗教戦争においては、できるだけ残酷な方法で、できるだけ多くの者を殺すのが正しい、ということになるわけである。

その一番極端な例は、バイブルの『ヨシュア記』だ。ユダヤの民がカナンの地に再び戻ってみると、もうその間何百年もたっていたから、異民族が占拠しており、進入の邪魔をする。すると、ユダヤ人はこの異民族を片っ端から皆殺しにしてしまう。それも、王様を木から逆さ吊りにするなど、考え得るかぎりのあらゆる残虐な方法で殺す。それはまさに、ナチス以上のものだった。だからこそ、日本の牧師は『ヨシュア記』の講義を嫌がるのである。

日本人が、この『ヨシュア記』を読むと、たいてい「ユダヤ人は、こんなにもひどいことをしたのだから、ヒットラーに報復されるのも当然だ」と思ってしまう。しかし、ユダヤ人もドイツ人も、けっしてそういう考え方はしない。ユダヤ人にとっては

『ヨシュア記』にある行為は、神との契約において行なったのだから、当然正しいのであり、逆に、皆殺しにしなくては罰せられてしまう。だから、ユダヤ人は、あのときあんなに残酷なことをしたから、ナチスによってひどい目に遭うのだ、などとはまるで思わない。つまり、ナチスによる迫害は、それとは全く無関係に何か神の契約に違反することがあったため、神から下された試練なのだ、と考えるのである。

初めて宗教の自由を認めたウェストファリア条約の意義

ここで、話をキリスト教に戻すと、中世のローマン・カトリックにおいてはローマン・カトリックだけが唯一のキリスト教であり、それ以外のギリシャ正教などはいうに及ばず、プロテスタントもキリスト教ではなかった。また、逆に、カルヴァン派ならカルヴァン派についていえば、彼らにとっては、カルヴァン派だけが唯一のキリスト教であった。

しかし、ドイツ三十年戦争を経て、一六四八年にウェストファリア条約が結ばれた後には、状況が一変した。ウェストファリア条約の条文には何が書いてあったのかというと、君主の宗教がイコール民衆の宗教であること。つまり国王がカトリックなら民衆もカトリック、国王がカルヴァン派なら民衆もカルヴァン派になる、ということだった。いわば、これは、複数のキリスト教が認められたということであり、一見宗教の自由がないように見えながら、実は宗教の自由を認めたことになるのである。

このことを理解するためには、キリスト教の信仰が、〝外面には関係なく、内面だけの問題なのだ〟という点を思い起こしてもらえばいい。つまり、外面においては世俗的な権力、世俗法に従っていても、信仰の自由とは関わりがないということである。

たとえば、自分はプロテスタントでいたいが、君主はカトリックだという場合には、その国を離れて、プロテスタントの君主のいる国に行けばいい。メイフラワー号でイギリスからアメリカ大陸へと行った連中が、その最も有名な例である。

いずれにしても、このウェストファリア条約によって得られた宗教の自由があったからこそ、欧米諸国の近代化はあり得たと言ってよい。そして、宗教の自由こそが、近代デモクラシー国家において、良心の自由、すなわち、イデオロギーの自由ということにつながる源となったのである。言い換えれば、いかなる主義主張を持っていようとも、それが人間の内面に留まっているかぎり、国家権力は一切これを問わないという精神を確立させたのである。

この内面の自由こそ、近代デモクラシーの最初の出発点であり、近代デモクラシーであるための、いわば必要条件である。近代デモクラシーについては、いろいろなことを言う人がいて、選挙権がなければデモクラシー国家ではない、などと主張したりするが、アメリカでさえ、婦人の選挙権が認められたのは、二十世紀初頭の一九〇五年のことである。

まあ、その他いろいろなことが言われるが、世界の代表的なデモクラシー国家といえども、いくつかの制約条件があって、なかなか完璧とはいかないのが現実だ。しかし、少なくとも人間の内面的自由という必要条件が備わっていない場合には、絶対にデモクラシーとは呼べないわけである。

それに関連していえば、これも日本人にはなかなかわかりにくいことだが、旧ソ連における自由化運動で、ソルジェニツィンとかサハロフとかいう人物が要求しているものが、まさにこの内面の自由なのである。ご存じのとおり、サハロフは水爆を作ったわけだし、ソルジェニツィンにしても兵隊として勇敢に戦っている。だから、外面的な行動であれば、ソ連政府のいかなる命令でも聞く。しかし、いかに国家といえども、内面には絶対に立ち入ってもらっては困る。これが最低限度の要求だったわけで、それすら侵されたといって抗議を申し込み、亡命したりしたのである。

ヨーロッパでは、面従腹背でも問題はない

ところで、こうやって内面と外面という話を進めてくると、「果たして内面と外面というのはそんなに厳密に区別ができるものだろうか？」という疑問も当然出てくる。だが、まさにその疑問こそが、日本人的な発想といえる。

しかし、集合論的なものの考え方をする欧米諸国においては、ここからここまでは内面の問題、ここから先は外面の問題というふうに、内面と外面が、理念的にはピシッと二分されている。

そのいい例を一つ挙げてみよう。これは、アメリカのジョンソン大統領についてのエピソードなのだが、彼にはお気に入りの牧師がいて、お祈りをする際には、しょっちゅう、その牧師を呼んでいた。それで、あるとき大統領がその牧師と一緒にお祈りをしていたのだが、たまたまその牧師の祈りの言葉が低く、聞き取りにくかったので、「もう少し声を高めてくれ」と言った。そのときに牧師は何と応じたかというと、〝I am not praying for you〟――つまり「私は別にあなたのために祈っているのではない」と答えたわけだ。キリスト教においてお祈りは、内面における神との対決なのだから、当然、大統領であろうが誰であろうが他人とは関係がない。

もちろん、その牧師にしても、相手は大統領なのだから、外面的行動において、いろいろと便宜をはかるのはやぶさかではない。しかし、祈りは神との対決で、自分の内面だけのことなのだから、大統領の指図だって受けないぞ、ということなのである。そして、もちろんジョンソン大統領のほうも〝I am sorry〟と一言いっただけでおしまいだった。

しかし、これがもし日本だったらどうだろう……? 将軍のお気に入りの坊さんがいるとして、将軍に「お前のお経は声が低すぎるぞ」と言われ、その坊さんが「私は上様のためにお経を誦んでいるのではありません、私のために誦んでいるのです」などと言えば、将軍が「すまぬ、よきにはからえ」と答えるとはとても思えない。まず、その坊さんの首は飛ぶにきまっている。

実は、これは、日本においては戦国時代からの伝統で、もし家来が異心をはさんだりすれば、それだけでもう殺されたって文句は言えない。そして逆に、異心がないことが証明されれば、人質さえ返してもらえることもあるし、一気に重要なポストに就くことだって可能なわけだ。

それに対して、キリスト教的なヨーロッパにおける君臣関係の基本は、外面的行動において主君との契約を守るかどうかだけであり、内面は関係ない。いわば、日本人がもっとも嫌う面従腹背でＯＫなのだ。内面と外面の区別を知っている国と知らない国とでは、考え方において、かくも大きな差が出るのである。

袴田・宮本論争は、なぜ低次元なのか

さて、私はさきほど、宗教戦争が残酷なものにならざるを得ない理由について論証したわけだが、宗教戦争は、必ず論争をその前提とする。なぜかといえば、キリスト教においてはキャノンの解釈が根本なのだから、自分たちのキャノンの解釈こそが一番正しい、といって論争しなくては自己正当化ができない。そして、もし自分たちのほうが正しいことが証明され、相手がそれに従わないのなら、相手はもう皆殺しにしたって構わない。だから、当然その論争だって白熱化せざるを得なくなる。欧米社会においては、そうした論争の伝統が、イデオロギーの世界においても受け継がれている。たとえば、マルキシズムを例に採ると、マルキシズムと一口に言っても、いろいろなマルキシズムがあるわけで、どれが一番正しいマルキシズムかをめぐって、しょっちゅう大論争が起こっている。

古くは、ベルンシュタイン＝カウツキー論争というのがあり、次いでカウツキー＝

レーニン論争、レーニンの解釈をめぐってのトロツキー＝スターリン論争と続き、中ソ論争だって、同じく、どちらが正しいマルキシズムであるかを証明するためのものだったのである。

　ところが、日本のマルキシズムはどうか。日本共産党の袴田（里見）・宮本（顕治）論争を見てもわかるとおり、「おれのマルキシズムの解釈のほうが正しい」といった議論はひとつもしない。どっちが不人情な男かを証明することばかりに一所懸命になる。たとえば、「おれがブタ箱で苦しんでいたときに、あいつはうまいものを食っていた」とか「おれが高血圧で苦しんでいるときに、あいつは血圧計を壊してしまった」とかいうことを並べ立てているだけである。

　そもそもイデオロギーとは論理なのだから、論理のない国・日本では、本当の意味でのイデオロギーもないといえる。だからこそ、日本人には、中国共産党の権力闘争による江青裁判の持つ意味が理解できない。日本人の目で江青裁判を見た場合には、褒める人は「江青は殺されるかもしれないのにあんなに頑張っている、カッコイイぞ」と言うだろうし、貶す人のほうは「どうせ殺されるのに決まっているのにあそこまで頑張るなんてなんと嫌な女だろう、潔くない」というはずである。言い換えれば、情の部分だけでとらえているわけだが、実際はそんなものではない。

江青裁判とは、「自分こそが正しい毛沢東の解釈者である」という江青の論理と、文化大革命を否定する鄧小平一派の論理とのぶつかり合いであり、論理の戦いなのだ。だから、極端な話、江青の論理が検事の論理を打ち負かせば死刑にはできないわけで、検事も負けてはならじと屁理屈でも何でも並べるだけ並べて、負けまいと頑張っているのである。

まあ、いずれにしても、論理の世界というのは行き着くところまで行き着けば殺し合いにならざるを得ないのであるから、その意味だけでいえば、論理のない国である日本は、平和で幸せな、まことにめでたい国であると言えなくもない。

第4章

〈非ユークリッド幾何学――否定からの出発〉

科学における「仮定」の意味

――近代科学の方法論を決定した大発見

1　非ユークリッド幾何学の誕生

背理法で証明できなかったユークリッドの第五公理

〝才色兼備〟を否定すると……

数学の論理は往々にして常識の論理とは異なるというのは、すでに述べてきたとおりである。また、そうした数学の論理を用いて初めて、もろもろの社会現象を的確に把握することができることも、いろいろと論証を試みてきた。

そこで、今度は、否定ということについて検討を加えてみたい。否定なんて、別にわざわざ教えてもらうほどのこともない、と思う人も少なくなかろうが、日常生活の中で、われわれが何気なく行なっている否定というものと、数学の論理における否定というものの間には、ずいぶんと差がある。

一例を挙げてみよう。これは呑兵衛（のんべえ）の読者に最もピッタリくる命題だが、〝あそこ

〈３つの要素を含む命題の否定〉

正：「彼女は、若くて、美しく、金持ちだ」

１要素のみ否定
- ①「彼女は、若くて、美しいが、金持ちではない」
- ②「彼女は、美しく、金持ちだが、若くはない」
- ③「彼女は、金持ちで、若いが、美しくはない」

２要素の否定
- ④「彼女は、若いけれど、美しくも、金持ちでもない」
- ⑤「彼女は、美しいけれど、金持ちでも、若くもない」
- ⑥「彼女は、金持ちだけれど、若くも、美しくもない」

３要素とも否定
- ⑦「彼女は、若くも、美しくも、金持ちでもない」

の赤ちょうちんの焼鳥は安くてうまい〟を否定すると、どういう答えになるだろうか……？

「そんなのは簡単だ。〝あそこの赤ちょうちんの焼鳥は高くてまずい〟と言えば否定になるじゃないか⁉」。

そんな答えが多く返ってきそうだ。たしかに日常使っている否定という考え方では、この答えが唯一正しいと思っても当然だろう。

しかし、数学の論理で考えた場合には、この答えも正しいが、それ以外にも、まだ二つの答えがある。すなわち、〝あそこの赤ちょうちんの焼鳥は安いがまずい〟〝あそこの赤ちょうちんの焼鳥は高いがうまい〟。

要するに、〝アンド〟で結ばれた命題の否定は〝オア〟になる。したがって、二つの要素を含んだ命題に関しては、それぞれの要素の否定が一つずつと、両方の要素の否定が一つ、合計三つの否定の仕方があることになる。

では、同じような例として〝才色兼備〟を否定するとどうなるだろう？　今度は、もうおわかりだろうが、〝ブスで馬鹿〟〝美人だけど馬鹿〟〝ブスだが頭はいい〟という三つの否定のケースがあるわけだ。日常において、否定といえば、両要素を共に否定する、最も極端なケースだけを想定しがちだが、数学的には三つのケースとも、否定とされるのである。

さて、それでは、三つの要素を含んでいる命題の否定についてはどうだろうか。まず三要素とも成り立たないケースが一つあり、次に一要素だけ成り立ってあとの二要素が成り立たないケースが三つ、そしてさらに二要素は成り立つが一要素だけ成り立たないというケースも三つあるから、計七パターンの否定が考えられるのである（前ページの表参照）。

たった一つの反例でも論理的否定は成立する

数学の論理において、否定というのがどういうものかということは、これでかなりイメージできたと思うので、次には「全称命題を否定するには特称命題を挙げればよい」ということについて述べてみたい。

全称命題、特称命題などという言葉を使うと、何やらえらくむずかしいことのように思えるかもしれないが、けっしてそんなことはない。

たとえば〝カラスは黒い〟という命題があったとする。これの否定をちょっと考えてみてほしい。さて答えは如何（いかん）？

〝カラスは黒くない〟という答えがまず返ってきそうだが、これでは単なる言葉の遊びで、数学的に正しい答えとはいえない。

論理的に考えるなら、〝カラスは黒い〟という命題は、カラスの中に一羽でも黒くないのがいれば、それでもう否定されてしまうのだから、結局、正しい答えは〝黒くないカラスがいる〟、あるいは〝あるカラスは黒くない〟ということになる。

　これが、全称命題（主語の全範囲にわたる命題）の否定は特称命題（主語の一部についてだけの命題）だということの具体例である。すなわち、数学的には、ある命題、もしくは定理を否定しようと思えば、たった一つでいいから成り立たない例を挙げれば、それでいいとされる。だから、数学では、全称命題を創りあげるのはひじょうにむずかしい。つまり、反証が一つ挙がっただけで、その命題はもう駄目だ、ということになってしまうのだから。

　ところが、実際の世の中ではどうかといえば〝例外のない規則はない〟などという言葉もあるとおり、きわめて数学的ではない。たとえば〝カラスは黒い〟というのは誰の目にも事実だが、実は、〝白いカラスも存在する〟のである。アルビノ（白子）というヤツで、ごくまれにだが、確認されている。つまり、この命題は数学的には完璧に否定されたことになる。しかし、世間ではあいかわらず、〝カラスは黒い〟というのが通念となっている。これほど数学的思考と常識的思考とには差があるのである。

　また、この観点があるかないかは、欧米社会と日本社会との相違を認識するうえでも大切な要素となる。たとえば、日本人は学者にしてもサラリーマンにしても、本当の意味で論争のできる人はごく少数派である。というより、日本の論争は、先に挙げた袴田・宮本論争に見るごとく、人格攻撃、自分の面子の重視に終始し、結局、泥試合の様相を呈し、遺恨を後に残すのが常である。だから、論争好きは日本社会では疎まれる。

しかし、こういった風潮も程度問題で、論争のない社会は成長しない。たとえばドイツ人は論理好きの国民だが、そういった土壌をつくりあげた大きな要素に、論争のルールがしっかりしていることがある。つまり、ある主張に対して客観的な反証が挙がれば、それだけでその論争のケリがつく。しかも、日本のようなベタベタした遺恨試合のようなものも起こらない。また、論争に敗けたからといって、その人間の人格まで否定されることはない。要するに、集合論的、数学的発想の根づいた社会なのである。

さて、全称命題の否定は特称命題である、ということは今述べたとおりだが、では、特称命題の証明はどうすればいいのか。これはいとも簡単であり、わずか一つの例を見つけてきさえすればいいわけである。特称命題とは、一言でいえば、〝あるものが存在する〟といった形式の命題で、たとえば〝ツチノコはいる〟という特称命題を証明したいとすれば、一匹でいいからツチノコを見つけてくれれば、それで事は足りるわけである。

九州にクマはいるかいないか、という議論の場合でも、山の奥の奥のほうまで探しに行って、仔熊（こぐま）でもいいからクマを一匹捕まえてきて、「ホラ、いた」と言えば、それで、いると主張した側の勝ち。もっとも、動物園から逃げだした熊というのでは駄目であるが。

それから、ネッシーがいるかどうかの議論だって、ネッシーの赤ちゃんが首を出したところをサッとひっつかまえて連れてくれれば、それでもうおしまい。こんなふうに、存在の問題、すなわち特称命題を証明するのは、それほどむずかしいことではない。

しかし、逆に、全称命題を証明するということになれば、これはえらくむずかしい。たとえば〝ツチノコはいない〟とか〝ネッシーはいない〟というのが全称命題だが、これを証明するのは気の遠くなるような作業であることは誰にでもすぐわかるだろう。

正、逆、裏、対偶を論理に活かす法

ところで、数学の考え方の基本は公理主義にあるわけだが、どんな命題でも公理になり得るかといえば、けっしてそんなことはない。公理になるためには、やはりそれなりの資格が必要である。その第一が、いくつかの公理があった場合に、それらが無矛盾であるということ。そして、この公理の無矛盾性を証明せよということになると、これは何ともむずかしいことだと思う向きもあろうが、これは、全称命題の証明よりある意味では簡単なのだ。

たとえば、ここに一〇の公理があって、それらが互いに矛盾しないということを証明したいとすれば、その一〇の公理をすべて満たすような例を一つでも作れば、それでいいのである。

さて今度は、ある命題に関しての正、逆、裏、対偶というものについて考えてみたい。やはり、まず具体例を一つ挙げてみよう。〝巨人軍の選手はプロ野球の選手である〟

という命題を例に採ると、正というのは、いうまでもなくこの命題そのものである。逆は、〝プロ野球の選手であれば巨人軍の選手である〟で、これは命題としては正しくない。

次に裏の命題だが、それは〝巨人軍の選手でなければプロ野球の選手ではない〟となる。これも命題としてはもちろん正しくない。

最後に対偶の命題だが〝プロ野球の選手でなければ巨人軍の選手ではない〟となって、これは正しい。今挙げた例では、正の命題と対偶の命題は正しく、逆と裏の命題は正しくないということになる。

それでは、もう一例、採りあげてみよう。またまた野球の例だが〝ピッチャーはバッターにボールを投げるのが役目である〟という命題を考えよう。この場合、逆は〝バッターにボールを投げる役目がピッチャーである〟。裏は〝ピッチャーでなければ、バッターにボールを投げる役目ではない〟。そして対偶は〝バッターにボールを投げる役目でなければピッチャーではない〟となる。野球を知っている人なら、これらの命題がすべて正しいのはおわかりだろう。

〈ある命題に関しての正、逆、裏、対偶の関係〉

正：「Ａ　は　Ｂ　である」
逆：「Ｂ　であれば　Ａ　である」
裏：「Ａ　でなければ　Ｂ　でない」
対偶：「Ｂ　でなければ　Ａ　でない」

例

正：「巨人の選手は　プロ野球の選手である」　○
逆：「プロ野球の選手であれば　巨人の選手である」　×
裏：「巨人の選手でなければ　プロ野球の選手でない」　×
対偶：「プロ野球の選手でなければ　巨人の選手ではない」　○

正と対偶、逆と裏とは、必ず同値関係である。

以上の二つの例から言いたかったのは、ある命題について、正が成り立てば対偶は必ず成り立つ。しかし、逆と裏は、成り立つ場合と成り立たない場合があるということである。ただし、逆の命題と裏の命題だけを取り出して考えてみた場合には、逆を正とした場合、裏は対偶という関係になっているから、逆の命題が成り立てば裏の命題も必ず成り立ち、逆が成り立たなければ裏も成り立たないということがいえる。言い換えれば、正と対偶は必ず同値関係にあり、逆と裏も必ず同値関係にあるということである。

こうした数学的論理を知っておくと、どういうメリットがあるか。経済学の考え方の対立を例に採ってみよう。古典派経済学のもっとも基本的な命題は、〝市場を自由競争に任せておけば、経済はうまくいく〟というものである。とすると、〝もし経済がうまくいっていないとすれば、どこかに自由競争でない部分がある（命題の対偶で同値）〟ということで、その部分をチェックして自由競争に戻せば、再び経済はスムーズに動き始める、という論理になる。

それに対して、古典派経済学に対立するケインズ派の経済学ではどうか。〝自由競争に任せておいたって経済がうまくいくはずはない。経済がうまくいくためには、有効需要を増やすための財政政策が不可欠なのだ〟と考える。そうした古典派経済学とケインズ派の論争の意味を知るときなどに、数学的な論理を導入すると、実に的確な把握が可能となるのである。

非ユークリッド幾何学は、どうして誕生したか

否定に関する数学の論理において、もうひとつ覚えておいてほしいのが「背理法（はいりほう）」である。この背理法とは、日常の討論の中においても割合よく使われているものだが、たとえば、こんな例が挙げられる。

ある出版社の企画会議で、若手の編集者が「小室直樹に『超常識の方法』といった本を書いて貰いましょう」と提案したとする。そのとき、編集長が、そんな企画などとんでもない、と考えたとすれば、どう言うか。きっと「そんな訳のわからない難解な本が売れたら、太陽が西から昇る」というふうに反対するにちがいない。この編集長の使った論理が、まさに背理法なのである。

簡単に言えば、何かを前提とすると、結果としてひじょうに不合理なことが起こる、したがってその前提は間違っている、というふうに結論づけていく論法が背理法なのである。

ともかく、そんな具合に、背理法は、日常での議論においても重要なのだが、数学の歴史においても、この背理法を使ったために、天地を揺るがすほどの一大発見が成されている。

それは、非ユークリッド幾何学の発見である。発見者はニコライ・イワーノビッチ・ロバチェフスキー（一七九二〜一八五六年）というロシアの天才数学者。

ユークリッド幾何学は、数学の各分野において、最も早く公理化が成されたものであるが、ユークリッドが定めた公理は次の五つであった。


公理一＝任意の点と、これと異なる他の任意の点とを結ぶ直線を引くことができる。

公理二＝任意の線分は、これを両方へいくらでも延長することができる。

公理三＝任意の点を中心として、任意の半径で円を描くことができる。

公理四＝直角はすべて相等しい。

公理五＝二直線が一直線と交わっているとき、もしその同じ側にできる内角の和が二直角よりも小であったならば、二直線はその側へ延長すれば必ず交わる。

以上、五つの公理を見ると、読者もすぐに気がつかれることだろうが、五番目の公理だけが、他の四つの公理に比べてやたらに複雑である。これは、現在ではもっとわかりやすく、〝任意の直線とその直線外の任意の一点が与えられているときに、その一点を通ってその直線に平行な直線はただ一本に限る〟というふうに書き表されることが多い。これを平行線の公理というが、他の四つの公理がほぼ直観的に明らかであるのに比較して、ちょっと様相を異にしている。

そんなわけで、多くの数学者たちも、実はこの第五公理は、本当は公理ではなく、他の四つの公理から導かれるのではないかと考え、一〇〇〇年以上もの間、さまざまな努力を重ねたにもかかわらず、ずっと成功しなかった。そんなときに現われたのが、ロバチェフスキーなのである。

彼はどう考えたかというと、まず第五公理を取り外（はず）して、これと矛盾するような公理を仮定してみた。具体的に言うと〝一直線外の一点を通ってその直線に平行な直線は一本とは限らない〟という仮説を置いたのである。それで、改めて幾何学の体系を作っていき、その過程で矛盾が現われれば、それでOK。つまり矛盾が現われたのは、第五公理を否定して別の公理を仮定したからであり、その仮定は間違い。したがって第五公理は正しい、と証明できる。つまり、背理法による証明をしようとしたわけである。

ところが、いざ証明を始めてみると、行けども行けども矛盾は現われてこない。たぶん、こうした事態は、ロバチェフスキーも考えていなかったことだろうが、とにかく、結果として、まったく別なもう一つの幾何学が出来上がってしまったのである。これが、非ユークリッド幾何学の誕生であり、しかもこれによりさらに重要なことは、「公理とは自明なことではなく、仮説にすぎない」という重大な事実が、明らかにされたのである。

2　近代科学の基本となった発想法
なぜすべては仮説にすぎないのか

公理の概念を根底から変えた非ユークリッド幾何学

近代数学の濫觴（らんしょう）がギリシャ時代にあったというのは前述したが、ギリシャ数学と近代数学との根本的違いは、公理をどう考えるかにある。すなわち、ギリシャ数学では、公理は自明なものと考えられていたのに対し、近代数学においては、「公理は仮説だ」と考えられるようになったのである。

このように、ロバチェフスキーの数学という学問における功績は、非ユークリッド幾何学の体系を作ったこともさることながら、公理は仮説であるということを見いだしたことにこそある、と言ってよい。

公理が仮説だとすれば、ある一つの公理系（アクシオムシステム）（公理のあつまり）を置けば、その公理系に従って一つの数学が出来上がるし、また別な公理系を置けば、別な数学が出来上がるということになる。先ほどの平行線の公理で言えば、平行線の公理を仮定すればユークリッド幾何学が出来上がり、一直線外の一点を通ってその直線に平行な直線は一本とは限らないという仮説を置けば、非ユークリッド幾何学が出来上がるということなのである。

ただし、平行線の公理と、平行線は一本とは限らないという公理とは、互いに相矛盾するのだから、もちろん、両方を一度に仮定するというわけにはいかない。

つまり、いくつかの命題が公理になり得るためには資格が二つある。一つは互いに矛盾しないという「無矛盾性」であり、もう一つは、ある公理は他の公理からは絶対に導かれないという「独立性」である。言い換えれば、「無矛盾性」と「独立性」があって初めて〝公理〟と見なされるのであり、そこから一つの数学が生まれ得る。

こうした考え方から発して、幾何学に限らず、代数においても解析学においても、すべて公理主義の体系(システム)がとられることとなり、現代のようなきわめて洗練された形の数学としてまとめあげられたのだ。そして、さらに重要なのは、他の学問においても、数学をお手本として公理主義的な方法を採るようになったということである。

たとえば、物理学の場合でいえば、ニュートン力学の第二法則、第三法則が、いわばユークリッドの公理に当たる。また、現代に至ってアインシュタインの相対性理論が出てくるのだが、これはニュートンの公理よりももっと一般的な公理を立てて、ニュートン力学をその部分的ケースとして含むように作りあげたものなのである。

ところで、ここで改めて、方法論的にいって公理主義的な考え方が、どういう意味で重要なのかと考えてみると、公理主義のおかげで、学問とはすべて仮説であるという考え方が徹底したことが挙げられる。

公理主義の考えが出現する以前においては、実体主義的に、〝そこに真理がある〟というのが大前提であって、それを発見することが学問であった。たとえば、数学の場合でも、神様か誰かが、そこいらに産み落としておいてくれた真理を発見するのが、数学者の務めであった。ところが、現代では、数学とは数学者が作るものであると考えられている。つまり、数学者が、まず私はこれこれの公理を要請します、とやって、そうするとこれこれしかじかの定理が証明されます、とやるわけだ。つまり、ギリシャの昔と現代では、方法論的な意味では、一八〇度の大転回が行なわれたと言わねばなるまい。

こうした方法論は、他の自然科学や社会科学においてもまったく同じことで、科学は、科学者が仮説を要請するところから始まる、とされるようになった。

この仮説とは、方法論的には公理と同じものであるから、そこから論理的に導き出された科学的知識とは、実体的、絶対的なものではない。あくまで科学者が要請した仮説のうえに成り立つ、仮の知識でしかないわけである。

なぜ、科学だけは無限の進歩が可能なのか

では、数学とほかの科学に方法論的な違いがないのかというと、そうではなく、大きく違う点が一つある。それは、数学では公理を実証する必要がないのに対して、ほかの科学のほうは、仮説を実証してみて、その仮説に現実的妥当性があるかどうかを検証することが、まず必要になってくるのである。

たとえば、数学の場合でいえば〝一直線外の一点を通ってそれに平行な直線は無限にたくさんある〟という公理をある学者が要請した場合に、「じゃあ、お前、それをグラフに描いてみろ！　何だ描けないじゃないか、じゃあインチキだ」などという議論は成り立たない。数学の公理は要請すればそれでおしまいで、実証する必要はないのである。

だが、数学以外の科学の仮説のほうは、いくら論理的に筋が通っていたとしても、実証してみて駄目だったら、仮説として認められない。たとえば、ニュートン力学を例に採っても、ニュートン力学の第二法則、第三法則から「エネルギーの法則」とか「落体の法則」とかが引き出せるわけだが、引き出しただけでは十分ではなく、本当にそうなるのかを必ず実験してみなくてはいけない。実験してみて正しいことがわかって初めて、仮説として認められることになるわけだ。

では、こうした科学的知識とはまったく正反対なものに何があるのかといえば、その代表は神学的知識だろう。神学的知識とは、本来、神の言ったものなのだから、絶対的なものであり、その現実的妥当性を実証するなどとは、とんでもない瀆神（とくしん）行為だということになる。

哲学的知識というのも、科学哲学などという言葉もあるが、大部分は科学的ではない知識だといえる。さらにまた、常識とか迷信的知識、道徳律などといったものも、とうてい科学的とはいえない。

それでは、科学的知識と、それ以外の知識との根本的な違いは何か。それは、科学的知識に限っては、公理主義によって出現したものなのだから、その知識がどんな仮定によって出てきたものかがわかることである。

さらに言えば、仮説が違えば別のことが成り立つということである。また、科学においては、実証をしなければならないから、どこまでが科学で研究されており、どこから先はまだ未知なのかという境界がはっきりしている。つまり、知識に対して、それが生まれた条件、そして、その限界が明らかにされているわけである。

それから、科学的知識だけに見られる第二の特徴には、その探求において分業が可能であり、違った人間同士でも協力できることがある。何しろ、どこまでがわかっていて、どこから先がわからないかがはっきりしているのだから、当然、複数の協力ができる。したがって、知識の積み重ねができるのだから、無限の進歩も不可能ではない。

まとめると、科学においては、わかっているかいないかの境界がはっきりしており、しかも方法が確定しているから、分業ができる。分業ができれば、皆の協力によって積み重ねができ、積み重ねができるから進歩もできる。この点は、科学的知識だけが持っている特性であり、他の知識はそういう特性を持つ場合も、持たない場合もある。つまり、進歩する場合も退歩する場合もあり得るわけである。

宗教的知識を例に採ると、キリスト教の場合には、キリストが最高で、あとはだんだん退化してきたのかもしれないし、儒教の場合だって、孔子が最高で、あとは退化しているのかもしれない。常識にしても同様で、常識人の手本のような父親が死んだ時に、息子がその父親の常識を継承できるかといえば、そんなことはあり得ない。哲学や芸術における知識についても然(しか)り。

人間が係わりあっているいろいろな分野について、宗教はどうだ、芸術はどうだ、哲学はどうだ、道徳はどうだ、という具合に見ていくと、現代社会において、昔に比べてかえって退歩している面がたくさん見つかるのではなかろうか。しかし、科学的知識だけに関しては、進歩のスピードに速い遅いはあるにしても、また、一時的に立ち止まったことがあったにしても、けっして退歩することだけはなく、着実に進歩を続けてきたのである。

科学の本質は〝研究方法〟にこそある

さて、こうして考えると、科学であるかないかのけじめは、研究対象にあるのではなく、方法にあるということがわかるはずである。

最初に、まず一つの仮説を立てる。そして、その仮説を実証する。実証してみて、もちろん完全に証明される場合もあるわけだが、大抵は、いやそうじゃない、もっといい仮説がありそうだということになって、また、よりよい仮説を立て直す。また、それを実証する、またよりよい仮説を立てる。そんなチェーンがどこまでも続くことになり、これが、つまり科学の方法であり、この方法で研究するなら、たとえ研究対象が何であっても、科学といえるのである。

ところが、日本人は、そのことをなかなか理解しない。その一番いい例が、一時話題になったオカルト騒動で、当時、スプーンを曲げたとか、曲げないとかで、世論を二分するほどの大論争が起きた。読売新聞はオカルト説を支持し、朝日新聞はあんなものはインチキだ、と主張したことを記憶されている方も少なくなかろう。

そして、あの論争は結局、結論が出ずに曖昧のままで終わってしまったが、どういうわけか、日本の科学者たちは、オカルト現象が本当にあるのかどうかを、科学的方法によって確かめようとはしなかった。

もし〝スプーン曲げとはこれこれこういうことだ〟という仮説を立て、次にその仮説を検証するための実験計画を立て、実際に実験をしてみたとすれば、スプーン曲げが奇術に類するインチキかどうかは科学的に確かめることもできただろう。やはり、日本では、科学者とよばれる人たちのあいだでさえ、「科学というのは、方法にではなく、研究対象にあるという大いなる偏見」が根強く残っているようだ。

ところが、たとえばアメリカなどでは、超能力が存在するか否かという実験がすでに繰り返し行なわれている。デューク大学のライン教授は、たとえば、超能力の中で最も単純だとされているテレパシーに対して、まず、〝テレパシーとは何ぞや〟ということをきちんと定義し、次に仮説を置き、それを統計学的に実験してみるということをやっている。

つまり、テレパシーとは、「人間の五感以外による一種のコミュニケーションだ」と定義し、次にトランプに似たゼナーカードを用意して、テレパシーを持っているという二人の人間を遠くに置いて、互いにテレパシーを送らせ、受信させる。

すなわち、テレパシーが五感以外のコミュニケーションであるならば、これが可能だとの仮説を置くわけである。そしてそれを統計学的にチェックして、有意差があるかどうか、つまり意味のある現象かどうかを判定し、テレパシーは存在するとか、しないとかを結論づけるのである。

テレパシーは、アメリカのスタンフォード大学や、旧ソ連のレニングラードの研究所などにおいても詳しく実験されているが、その結果として、少なくともテレパシーが存在するということだけは、すでに証明されている。しかし、そのあとはまだまだわからないことが多い。そのひとつは、どういう場合にテレパシーが起きて、どういう場合には起きないかという、テレパシーが起きるための条件が特定されないということ。もうひとつ、さらに困ることには、テレパシーとは何ものか、という理論がまだ見つからないのである。

スタンフォード大学やレニングラードの研究所では、さんざん実験をした結果、テレパシーとは電磁波の一種ではないかという仮説を立てたことがあった。しかし、実際に、電磁波を厳重に遮断（しゃだん）するような箱の中に二人を入れてテレパシーを送る実験をしてみると、ちゃんとテレパシーは通じるのであり、これは電磁波ではないということがわかった。そのあとにも、テレパシーとは、電磁波や重力波ではないけれども、まだ未発見の「何とか波（は）」というものではなかろうかという仮説を立てた人もいた。しかし、その仮説も、実験の結果、棄却されてしまった。何となれば、テレパシーの伝播（でんぱ）するスピードが、光速以上の無限大であったからである。

いかなる俗説も科学の対象になり得る

しかし、ともあれ、以上述べたことは紛れもなく科学である。科学的にきちんと実験を行ない、ここまでわかったが、ここから先はわからないということが明確になっているのだから。つまり、研究対象が、テレパシーであろうが、サイコキネシス、念写であろうが、十分科学的研究になり得るのである。

余談になるが、アメリカ、旧ソ連、イギリス、フランス、ドイツなどにおいては、すでにそのサイコキネシスについてもいろいろな実験が行なわれているのだが、残念ながら今のところ、これといった成果はテレパシーにくらべると少ない。

それから、テレポート（空間移動）やテレフォーメーション（実体変換）に至っては、いまだ一つの実験も成功していない。テレフォーメーションというのは、実験者が「お前は猫になれ」と言えば人間が本当に猫になってしまって「ニャーオ」と言い始めるというもので、昔の書物にもそんな話は出ているのだが、実験では、どうも魔法使いのようには、いかないようである。

ところで、日本の現状はというと、超能力の科学的実験をしている人が、いることはいるものの、その多くはエンジニアで、学問的社会では科学の主流とは見なされていない。古くは、明治四十四年に、東京大学心理学科に福来友吉（ふくらいともきち）博士（一八六九～一九五二年）という学者がいて、念写の実験をやったばかりに、東大助教授をクビになったという話もある。以来、心理学界において、超能力の実験をするのはタブーとする風潮ができあがってしまった。そして、その悪しき伝統が今も続いているようである。何度も繰り返すが、科学とはあくまで方法が問題であり、研究対象が問題なのではないのである。

したがって、たとえば〝丙午（ひのえうま）の女は縁起が悪い〟といったことだって、科学の対象にすることはできる。実際には、まず、縁起が悪いとはどういうことなのか、という仮説を立てることが必要となる。〝丙午の女は縁起が悪い〟というのは、もともとあの火つけで有名な八百屋お七に端を発していることである。とすれば、縁起が悪いとは、火つけをする確率が高いという仮説を立ててもいいかもしれない。とすれば、次は、層化(そうか)による無作為抽出法(ランダムサンプリング)などでその仮説を実証計画法に乗せることが問題で、丙午の女とそうでない女とを比べて、有意的に、火つけをする確率が高いか低いかを確かめればよい。言い換えれば、それがそのような科学的方法によって証明されるまでは、事実であるかどうかはわからないということであり、俗説の域を出ないのである。

そういうことから考えてみると、たとえば、その辺によく転がっている〝アメリカ印象記〟の類(たぐ)いなどは、最も非科学的なものの代表と言えそうである。印象記などでは「アメリカの女は、皆、ポルノチックで大胆だ。俺は二十五人の女を相手にしたが、皆そうだった」などと平気で書いている。まあ、最近の日本の純文学には、男と女が単にくっついたり離れたりしたことをいかにも深刻ぶって、それで人生の真理を発見したなどという蛮勇に満ちた、幼稚で短絡的なものが多い。しかし、こんなものなら女子高校生の日記、身辺雑記のほうが、まだおもしろかろう。文学がこういった態(ざま)のご時世なのだから、単なる印象記を比較文化論などと喧伝したりするのだろうが、そんなものはまったく信用が置けない。

もし、アメリカの女は大胆だ、ということを科学的に証明しようとするなら、第一に、大胆な女とは何ぞや、という仮説を立てなくてはいけない。

大胆な女とは、常に男性を求め、自らの快感に忠実なタイプとか……。いや、こんな曖昧さでは仮説とはいえまい。それに、そうじゃないタイプの大胆な女だって数多くいることだろう。まあ、仮説はとりあえずさて措くとしても、実証計画法を立てるのが、またむずかしい。年齢、宗教、人種、職業、教育程度など、基準となる要素をまず決めておいて、それに対して標本調査法の理論によって層化し、そのうえでランダム・サンプリングを行なうことが必要となってくる。

たとえば、年齢にしても十二歳の少女から八十歳の婆さんまで相手にしなきゃいけないわけだし、宗教はカトリック、プロテスタント、ユダヤ教、人種も白人、黒人、インディアン、さらに尼さんや大学教授なども調査しなくてはいけない。そして、それでも有意的な確率で、大胆な女がアメリカには多いとわかって初めて、科学的にアメリカの女は大胆だ、ということがいえるのである。

何も、こんなことに目くじらを立てる必要はないわけだが、海外の旅行記や印象記が、単なる自慢話の羅列といった程度の低いものかどうかを見抜く目、ひいては比較文化論や社会文化論などが本物かどうかを判断する一つの目安を、ここで紹介しておきたかったのである。

社会科学に、完全な科学はあり得ない

もちろん、印象記や体験記といっても、ものによってはまったく価値がないわけではない。それどころか、そこから科学的研究を引き出す誘因となった優れたものも存在する。そのいい例が人類学であり、人類学の発端は、まさに地理上の発見時代の冒険者たちが書いた日記やレポートにあった。

当時の冒険者たちは、ヨーロッパからいろいろな国へ出かけて行ったわけだが、そこには想像したこともないような人間がいて、風俗、習慣、宗教もあまりにもヨーロッパとは違っていた。そこで、これは珍らしい、あれも珍らしいといって、日記に書いたり、旅行記をものしたりした。

それらをデータとして、昔の学者たちは、人類学をつくりあげてきた。ところが、

やがてマリノフスキー（一八八四～一九四二年。イギリス人）やラドクリフ＝ブラウン（一八八一～一九五五年。イギリス人）という学者が出るにいたって、考え方は一変した。彼らは、「単なる日記や旅行記では、正しいかもしれないが、正しくないかもしれない。ちゃんと仮説を立て、論理的に組み立てて、実証計画法によって実証しなくては意味がないじゃないか」と主張したわけで、それ以後、初めて人類学は科学となったのである。

しかし、それ以前のものとしても、たとえば、玄奘の『大唐西域記』やマルコポーロの『東方見聞録』などは、今でも、科学的に十分価値を持っている。彼らは、科学的実験計画法こそ知らなかったが、天才なるがゆえに、それに該当する知識の集め方をしたのであろう。

いずれにしても、人類学を科学という範疇に入れたのは、マリノフスキーやブラウンらの偉大な業績であった。もちろん、現実には、人類学のような学問の宿命として非科学的な要素も多く含まれている。だが、これは、人類学に限らず、社会科学全般に言えることである。

つまり、社会科学において、完全な科学はまずあり得ない。完全な理論を作って完全な実証をするなどというのは、現実には不可能だからだ。したがって、科学的方法論というのは、程度問題であって、完全さにより近いか遠いかが問題となるものなのである。

そして、その意味では社会科学の中で理論が一番すぐれているのは経済学で、実証が一番すぐれているのが心理学、理論が二番目にすぐれているのが心理学、実証が二番目にすぐれているのが経済学、そして、理論、実証ともに三番目が人類学だと言える。社会学は、それらにまだ遠く及ばず、政治学はさらにずっと遅れている。

数学の論理を理解していたマルクス

さて社会諸科学のなかでも、最も数学的論理がよく現われている学問はといえば、それもやはり経済学である。物理学は数学を使用することによって進歩した、とよく言われるが、経済学も、やはりそうである。「数学なくして、現代経済学なし」と言っていいだろう。

こう断言すると、たしかに近経はそうかもしれないがマル経はちがう、と言う人もいるかもしれない。しかし、実にマルクスこそ、数理経済学の元祖の一人なのである。と言うと、ますます驚く人もいるかもしれないが、マルクスは、彼の『数学的遺稿集』のなかで、はっきりと「価値法則や景気循環などは、数学によって初めて正確かつ効果的に表現されると思う」と述べている。そう思っただけでなく、実際、彼は実行に移したのだった。なんとマルクスは五十歳をすぎてから、本気で数学の勉強をはじめたのである。右に述べた『数学的遺稿集』のなかで、彼は、とくに微分積分学を熱心に研究した。

だが、不幸にして、雄図むなしくマルクスは、ついに数学そのものによって彼の経済学を表現し直すことに成功しなかった。

しかし、ここがまさに重要なポイントなのだが、マルクスは数学の論理を理解していたのである。それゆえ、彼の経済学は数学的表現こそ採(と)っていなかったが、その論理においては、まったく数学的構成を採ることになったのである。このことは、早くから白系ロシア人でドイツの統計学者であるボルトキエビッチはじめ何人かの経済学者の注意するところとなっていたが、このマルクス経済学の数学的表現を完成させたのは、実はロンドン大学の経済学者森嶋通夫教授なのである（『マルクスの経済学』森嶋通夫著／東洋経済新報社刊）。

森嶋教授の業績によって、今や誰の目にも、マルクスの経済学が、実は数学的構成を採っていることが明らかにされたわけである。

この一例からも、「数学の論理」と「数学のオペレーション」（計算、因数分解、補助線引きのテクニックなど）とは、まったく別なものであることが理解されよう。マルクスは、数学のオペレーションはついに体得し得なかったが、数学の論理は理解した。それゆえ、彼は、きわめてすぐれた数理経済学の体系としての『資本論』を残し、それは彼の死後約九十年にして、森嶋教授によって数学的表現に復元されたのであった。

ここで、ぜひ記憶しておいてもらいたい大事なコメントを一つ。それは、「数学の論理」と「オペレーション（計算などの操作）」はまったく別物だ、ということである。それらは、学問構成上、根本的に別なことであるだけではなく、人間の能力としても、まるで別の分野に属するものなのである。

素人（しろうと）は、すぐ因数分解や幾何の補助線の引き方のうまい人が、とりもなおさず数学の得意な人だと思いこんでしまう。だが、これほどとんでもない誤解はない。そんなものは、数学の能力とあまり関係がない。実は、専門の数学者にしてすでにそうなのである。私が京大数学科の学生時代、溝畑茂（みぞはたしげる）助教授は、「練習問題を解（と）く力と数学の能力とは、まるで無関係」と明言されたことを記憶しているが、まさに数学とはそんなものなのだ。中学や高校のとき数学が苦手で落第点ばかりとっていた人が、後年、偉大な数学者になったといった例はいくらでもある。

たとえば、美智子皇后陛下の伯父にあたる正田健次郎（しょうだけんじろう）元阪大総長なども、高校時代は数学が大嫌いだったと書いておられる。しかし後年、大学に進んで「数学の論理」がわかったとたん、一転、数学が大好きになり、ついに世界的な大数学者（ドイツのネーターに学び抽象代数学を専門とした）となった一人である。

数学者でさえかくのごとし。いわんや、社会現象を分析するときに大切なのは、「数学の論理」であって「オペレーション」ではない。このことは、すでに挙げたマルクスの例によってもよくわかるだろう。

中学や高校で数学が苦手であった人でも、「数学の論理」を自由に駆使することによって、社会現象を縦横無尽に分析できるのである。

価値法則を解明したワルラスの業績

さて、マルクスの話が出たついでに言っておくと、いまやロシアでも、経済学の内容は、正真正銘の数理経済学になってしまった。リニアー・プログラミング、産業連関論（レオンティエフ・システム）、オペレーションズ・リサーチなど、近経ではなじみの深い数学モデルが、旧ソ連時代から経済学の中心になっている。マルキストといっても、マルクス学説の「訓詁解釈」ばかりに憂き身をやつすなどという時代遅れのバカ教授が生息しているのは、もはや世界中で日本ただ一国になってしまった。

それはそうだろう。マルクス経済学も、実は数理経済学なのだ。マルクスの真意は、これを発展させるにある。そうだとすれば、マルクスの弟子たる者、ここに励んで当然だろう。マルクスの旧稿の解釈のみに汲々（きゅうきゅう）としているような、考古学者のできそこないのような連中は、マルクス存命中なら、たちまち破門されたにちがいない。

経済学の目的は、マル経だろうが近経だろうが、資本制社会における価値法則の解明にある。と言うと、ちょっとむずかしいような気がするが、要するに、物の値打ちはどうして決まるのか、ということを解明することにある。

バナナ一皿一五〇円、サンマ一匹二〇〇円、ペルシャ猫一匹一〇万円、このダイアモンドは一億円などというが、それはどうして決まるのか。資本制社会発生いらい、経済学者は、この問題に答えるために苦心惨憺（さんたん）した。資本制社会においては、誰が計画するわけでもなく、命令するわけでもない。消費者は効用を最大にし、企業は利潤を最大にするために全力を挙げるだけで、社会全体のことなど考えはしない。この商品をいくらで売れなどと決める者は誰もいない。それにもかかわらず、物の値段は市場（マーケット）でひとりでに決まってしまう。

何というすばらしいことかと、これを見た経済学者はみんな驚嘆してしまった。こんなことは、封建時代のような資本制以前の社会においては、けっして見られなかったことだ。感激した経済学者のなかには、「天上における惑星の運動と地上における物価の運動のなかに神の摂理を見る」と言った者まであったくらいだ。

ニュートンが惑星の運動を説明したように、経済学者たちは価値法則の解明のために全力投球した。しかし、なかなか成功しない。十九世紀初頭のダビッド・リカード（一七七二～一八二三年。イギリスの経済学者）のような英国古典派やマルクスは「労働価値説」、つまり商品の価値は、それを作りだすために必要な労働の量によって決まり、これが結局、価格を決めるという説を唱えた。しかし、労働価値説も、実は循環論であることがドイツの経済学者ベーム・バヴェルクによっていわれたのである。それまでの論理学によれば、循環論によってはなにごとも説明されたことにならない、とされていた。ところで、循環論とは「タマゴとニワトリ」のジレンマともいう。例のタマゴが先かニワトリが先か、というあれであり、経済理論も一度はここにさまよいこみ、壁につきあたってしまったわけである。

このジレンマから脱出して、筋の通った経済学を十九世紀後半につくりあげたのが、フランスのレオン・ワルラスだった。つまり彼は、経済現象は「すべてがすべてに依存しあっている」という相互連関関係を認めるところからスタートして、「一般（ジェネラル）均衡論（イクイリブリアムセオリー）」という学問体系を樹立させたわけである。

　このことが、いかに重大な業績であるかは、経済学でノーベル賞をもらった学者のほとんど全員、つまりサイモン・S・クズネッツ（ハーバード大学教授）唯一人を除く全員が、なんらかの意味において、一般均衡論の完成に貢献した人々であることをみても理解されよう。また近年、にわかに注目される「限界効用価値説」にしても、ワルラスの一般均衡論の一部をなすものだといってよいのである。

経済の本質とはすべてが依存しあうこと

　ところで、経済理論を作りあげることが、なぜ困難かというと、それは経済的変数（ヴァリアブル）（要因）が相互連関しているからである。たとえば国民所得、消費、投資、賃金率、物価などの変数は、どれか一つが決まれば他のものも決まるという因果関係にあるのではなしに、おたがいに依存しあっているのであり、ここに困難がある。

商品の価格もまたそうである。ミカンの価格は、オレンジの価格やグレープフルーツの価格と密接な連関がある。日本のミカン業者がカリフォルニア・オレンジやグレープフルーツの輸入に大反対するというのも、こういうわけだからだ。また、原料の価格が値上がりすれば、卸売り価格も上がり、小売価格も上がる。このように各商品の価格は、すべて密接な相互連関の中にある。「すべてが依存しあう」——これが経済のエッセンスである。このことがわからないと、とんでもないことになる。つまり、現実の経済活動では、いかに善意で行動し、必死の努力をしても、メチャメチャになることさえある。そのいい例が中国の宝山製鉄所だろう。日本側が善意で、たいへんよい条件でプラントをやろうというのに、話の途中で中国側に一方的に断わられてしまった。なんということだ、と日本側はあきれ、戸惑ったが、こんなことになったというのも、中国側がこの「経済の論理」を理解していなかったからである。

経済活動とは、すべてが依存しあうのだから、製鉄所だけあっても鉄はできない。原料は言うに及ばず、電力、工場施設、労働力等々、すべてそろってこそ製鉄所は動ける。そしてまた、原料たる鉄鉱石やコークスなどを供給するためには、輸送手段としての鉄道やトラックなどがなければならないし、そのための動力源の確保も必須である。そして、この連鎖はどこまでも続く。

このように、経済においては一箇所に起きた変化は、経済全体に無限に波及していく。これが、「経済変数は相互連関している」ということの内容なのである。だから、ここのところを理解しないで、製鉄所さえあれば鉄が作れるなどと錯覚するものだから、そんな計画は、当然、途中で放棄しなければならなくなってしまう。

旧ソ連も、昔はこのことに気づいていなかった。そのため、せっかく作った大工場が動かなくなったり、厖大（ぼうだい）な労力を投入した運河が不必要になったりしたものである。しばらくしてから、ようやくこのことに気づいて、アメリカで開発された産業連関分析（インプットアウトプットアナリシス）（レオンチェフ・モデル）などを作って、やっとのことで、ともかくも計画経済が矛盾なく作動するようになった。中国は、世界の生産工場として活気を呈してはいるが、「人治の国」の体質のままでは真の資本主義経済になることはほど遠いであろう。

この「すべてが依存しあうこと」「全体への波及が見とおせなければ、何もできないこと」――このことこそ、経済の本質であり、この点に関するかぎり、資本制社会であろうと社会主義社会であろうと、同じことなのである。

そして、この経済変数の相互連関性を説明することに成功した理論こそ、ワルラスの一般均衡論であり、しかも、一般均衡論は資本制社会における価値法則の解明をめざしたものではあったが、ちょっと手直しすれば、社会主義社会の計画立案用にも使えるものなのだ。先に挙げたレオンチェフの産業連関分析なども、初めはワルラスの一般均衡論のうち、生産の一般均衡を実証化するという問題意識からはじまったものではあったが、社会主義経済の計画全体のためにも使われたのである。

数学を使って循環論から脱出する法

ワルラスの一般均衡論の効用は、こんなにすばらしいものであるが、それでは、なぜうまくいったのか。相互連関分析は、下手(へた)をすると、たちまち循環論になってしまう。無理もないことで、XはYに作用し、YはXに作用し、XとYとはお互いに連関しあうというのでは、結局、どっちがどっちを決めるのか、という質問には答えられない。ニワトリが先か、タマゴが先かというのと、まるで同じタイプの議論に帰着してしまわざるを得ない。

この壁を突き破ったのが、連立方程式の利用であった。ワルラスは、XとYとの相互連関関係を連立方程式で表わし、この連立方程式を解くことによって、XとYとが、その相互連関のメカニズムを通じて、いっぺんに決定される論理を明らかにしたのである。

これで最大の難問は解けた。連立方程式は何元方程式であってもよいから、変数（考察の対象となる要因）の数はどんなに多くても、同じ論理で説明される。このように、経済の論理も数学を用いることによって初めて、矛盾なく説明されるようになった。先に挙げたマルクスの労働価値説なども、ベーム・バヴェルクなどは循環論だと思っていたわけだが、森嶋教授によって、一般均衡論を用いて矛盾なく説明されたわけである。

ワルラスの一般均衡論は、その後、パレートー、ウィクセル、ヒックス、サムエルソン、アローといった学者の努力によって発展され、用いられる数学も、しだいに高度なものになっていった。今日では、図形の凸形性（コンヴェクスストラクチャー）という位相数学（トポロジー）的性質を用いることによって、研究されているのである。つまり、位相数学などという、一見、社会生活と無縁なようにみえる数学も、社会の論理解明のために、これほど大きな働きをするわけである。

最後に注意事項を一つ。現在では、「一般均衡論」という用語を使いたがらない経済学者が多い。たとえば、いわゆるラディカル・エコノミストなどがそれだが、彼らの言うところを一言で要約すると、こうなる。

現在、経済学の社会学的前提はあまりにも単純すぎる。経済人は合理的に行動するというが、現実の人間はそうではあるまい、もっともっと複雑で不合理な行動の分析も必要なのではなかろうか。制度的、文化的、政治的変数なども取り込んだ経済学が必要となってくるのではないか、というのが彼らの主張である。その尻馬に乗って、今でも似たようなことを言って「一般均衡論批判」を続ける者も結構いる。なるほど、彼らの言うことを聞いていると、なんだかもっともらしくて、一般均衡論などは非現実的な、格好の悪い理論のような気になってくる。

しかし、これは大変な心得ちがいなのだ。というのも、ラディカル・エコノミストが学問的分析に使用している方法は、なんと、すべて彼らが攻撃相手にしている「新古典派」、つまり一般均衡論者が開発した方法にすぎないのである。要するに、彼らは口ほどにもなく、有効な社会分析、政治分析など実際に行なっているわけではない。そもそも、彼らに学問的な方法論は皆無であり、これは、科学の本質がその方法論にある、という近代科学の精神を無視した暴論と言える。

だから、ラディカル・エコノミストなど、今では影が薄くなってしまったのに反し、一般均衡論的思考法は、今でも磐石（ばんじゃく）の根を経済学の中に下ろしている。ケインズにせよ、その商売敵（がたき）のフリードマンにせよ、その論理の基礎は、すべて一般均衡論にほかならないのである。

「意見の否定」を「人格の否定」と勘違いする日本人

さて、日本には科学的精神がないということは、今までずっと述べてきたとおりだが、そのために日本人は、先にも触れたとおり討論・議論というものができない。近代社会においては、科学が知識の規範なのだから、人々の意見も科学を基にして構成されなくてはいけない。したがって、欧米デモクラシーの考え方においては、「これは私の意見です」と言った場合、当然、「科学とは仮説である」という立場を踏まえており、「私の意見は一つの仮説にすぎません」という意味を持っている。そしてまた、当然、「あなたの意見も仮説にすぎません」ということになる。

では、どちらの意見が正しいのかということは、どちらの論理の筋が通っているか、どちらが実証的妥当性を持っているか、によって決まってくることになる。

だから、欧米において討論の始まりは、まず、相手の言っていることが矛盾しているかどうかを見つけることに集中するわけで、矛盾が見つかれば、それでもう負けとなる。もし、矛盾がないとわかれば、次は、どちらがより現実的妥当性を持っているかを、いろいろな例を挙げながら議論することになる。結局、討論とは、それに尽きるのであり、論理的一貫性、現実的妥当性だけが問題で、それ以外にはない。だからこそ誰とでも討論できる。仮説としての意見は、検証されるか、否定されるか、あるいは部分的に正しいところもあるが間違っている部分もあるか、そのいずれかでしかないのである。

ところが日本では、意見が実体化されてしまい、その人の人格と不可分になってしまう。したがって、その意見が否定されたとなれば、その人の人格まで否定されることになるのだから、ひとたび討論が始まれば、絶対に負けるわけにはいかない。だから、そういうのはお互いにしんどいから、討論は最初からやめてしまおうという土壌が根づいたわけである。

そのため、日本においては真の討論というのを見ることができない。一見、討論のように見えたとしても、それは実は単なる言い合いであり、怒鳴る声が大きいか小さいか、腕力があるかないかで勝ち負けが決まるのである。

真の討論とは、あの人の意見はここまではこう正しいが、ここからはいけない、だから、自分はこう積み重ねる。また別な人物が、その積み重ねた意見はここまでは正しいが、ここからは間違っている、だから自分はさらにこう積み重ねる、というふうに展開されるものなのだ。しかもこうした討論のあり方こそ、近代デモクラシー社会を支える柱の一本なのである。

「批判」とは、一種の「継承」である

そして、ここで大事なのは、相手を批判するということは、同時に相手の学説の継承を意味するということである。つまり「批判」と「継承」はメダルの表裏のようなものなのである。

たとえば、カール・マルクスはリカードを徹底的に批判したわけだが、しかし、マルクスの『資本論』はあらゆる意味で、リカードの完全な継承である。だからシュンペーター(一八八三〜一九五〇年。オーストリアの経済学者)をして「マルクスは、リカードの餌(えさ)だけではなく、浮きから釣竿までも飲み込んでしまった」と言わしめたわけである。

また、ヘーゲル(一七七〇〜一八三一年)についても同じことがいえるわけで、マルクスはヘーゲルの弁証法を「逆立ちしている」と言いながらも、完全にヘーゲルを継

承していることに、間違いない。実際、マルキストでもない哲学の教授が、ヘーゲルの入門書としてマルクスの『資本論』を挙げるのも、この間の事情をよく説明している。

こうした〝批判はすなわち継承である〟という考え方を、さらに推し進めていったのが、アメリカ・ケインジアンと言われる経済学者たちである。彼らは、数学モデルの活用という方法的にはケインズ理論とはほとんど正反対の立場であるにもかかわらず、ケインズ理論を批判的に継承しているという意味で、自らをケインジアンの名で呼んでいるのである。

日本において、こういうことはまず絶対に起こり得ない。何しろ、意見というものは実体的であって、その人の人格とは不可分だと信じられているのだから。たとえば、マルクスを例に採れば、日本ではマルクスに盲従するか、反発するかの二つに一つしか道がないのである。

マルクスのこの部分はひじょうにいいから貰っておこう、この部分は悪いから捨てようなどということは、まずやらない。もし、そういうことをする学者がいたとすれば、間違いなく、あいつは無節操だと非難される。しかし、本来、そういうことは節操とはまったく関係がない。科学的態度とは、優れたものを採り、自分の仮説とするところから出発しているのだから。だが、困ったことに、日本の学者はほとんどそういうことをしないのである。

アメリカ・ケインジアンの話にしても、これが日本での出来事だとすれば、ケインジアンなどという呼称は絶対に使わなかったに違いない。それどころか、正統派ケインジアンのボスがその連中を呼びつけて、「この者たち、不届き至極につきケインズ学派から破門申し渡し候。以後、ケインジアンと認めざるようご配慮ねがいたく候」といった破門状でもまわしかねない。

だから、何とか学派という場合にも、日本と欧米とでは呼び方こそ似ていても、その中身は大いに違っている。日本では、東京学派、京都学派などと呼ぶのは、東大または京大の出身者であり、そこにいるボス教授と親分・子分の関係にあるという意味で、学説など結局どうでもいい。これに対して、欧米でフランクフルト学派とかシカゴ学派というときには、フランクフルト大学やシカゴ大学にいる学者の説から出発し、研究している学者たちのグループを指し、学説に対する継承を意味する。出身校などどこでもよいし、親分・子分の関係を云々することもない。

近代西欧社会は、なぜジョーカーを必要としたか

では、ここで、日本とは正反対といっていい欧米的な精神をよく理解するために、ジョーカーと呼ばれる道化師について考えてみたい。トランプのジョーカーが、ジャックやクイーン、キングよりも強く、エースよりも強いのは誰でもご存じのとおりだが、そんなジョーカーという役割の者を、各宮廷の王様は必ず雇っていた。そして、荘厳このうえもない宮廷において、ジョーカーだけはどんなふざけたことを言っても許され、いわばオールマイティの位置づけをされていた。

たとえば絶対王朝時代の宮廷においてすら、家来はもちろん、女王にしても、王にしても、やっていいことと悪いことのけじめが厳然と存在していた。にもかかわらず、なぜ、ジョーカーだけは、何をやっても許されたのであろうか……？

その理由は、まずユダヤ教的精神（ヘブライズム）にまで立ち戻って考えなければわ

からない。つまりユダヤ教の精神によれば、神だけが絶対であって、被造物である人間は、どんなに絶対的に見えようと、つまり国王といえども、絶対であるということはあり得ない。

しかも、そこにギリシャ的精神（ヘレニズム）に裏打ちされた数学的、西欧的なものの考え方がプラスされると、どういうことになるか。絶対でないものは、すなわち仮説にすぎないということになり、見掛けだけはものすごく荘厳だとしても、所詮は仮説にすぎないとされる。とすれば、当然、馬鹿にしたっていいわけで、西洋的論理主義の赴くところ、それを許す存在がどうしても必要となってくる。

だが、そんな存在を正統的なものと見なす通念が一般に根づいては、絶対王朝にしても国王にしても困る。そこで、当時、最も卑しい人間だと考えられていた道化師に、その特権が与えられたのである。いずれにしても、ヘブライズム的伝統の上にヘレニズム精神を接木するのに必要な緩衝剤として、ジョーカーは誕生したわけである。

しかも、こうした伝統は、今も生きている。西欧社会におけるユーモア精神というのがそれである。したがって欧米諸国の政治家の場合には、演説の際にジョークを特に重視する。うまいジョークをスパッと言えれば、それだけで人気が出てくる。だから、政治家は、皆、ジョークを作る専門職の連中から、ジョークのコツを習っている。そして、演説の途中でうまくジョークをはさむのだが、それはホッと一息入れるということではなく、私は今必死になって演説をしていますが、これだって仮説にすぎないんですよ、ということを強調するためなのである。

この考え方をさらに進めていけば、たとえ私に敵対するような意見が出てきても、それだってやはり仮説なのだから、お互い討論してよりよい意見に収束する努力を怠ったりしませんよ、ということになる。これがまさに、デモクラシーというものの在り様なのである。

そういえば、共産主義諸国の政治家たちの演説には、およそユーモアというものが感じられない。それは、ギリシャ精神やローマン・カトリック精神と無縁で、被造物である皇帝を平気で絶対化してしまうようなビザンチン精神の流れを汲んでいるからではあるまいか。つまり、旧ソ連はデモクラシーというものの歴史的な洗礼を受けていない国だったのである。マルクスの考え方からすれば、資本制社会が滅びた後に、社会は社会主義、共産主義へと進化することになっており、とすれば本来、資本制的な遺産は、社会主義がすべて継承するはずであった。おそらく、マルクスにしてみれば、イギリスかドイツに革命が起こると想定していたはずで、それがロシアという前近代的な国で起こってしまったのだから、大変な見込み違いであったわけだ。

本来、マルクス主義とはギリシャ精神の真髄の一つで、近代科学の濫觴(らんしょう)ともいえる弁証法を基本に置いたものである。その弁証法というのは、立場を異にする人間同士が、討論の過程を通じて新しい立場に立つという意味なのである。これは、二人の立場は共に仮説であるという前提がなければあり得ないことで、討論しながら第三の立場に止揚(しよう)していくものなのである。だから、たとえマルキシズムを国是としていようとも、この弁証法的立場を認めない社会は、とうてい近代的な国家とは言えないことになる。

日本もまた、現在ですら前近代的国家という非難を受けることがあるが、これは、共産主義社会と同様に、討論を自由に行なう土壌が用意されていないという観点に立った指摘なのである。

第5章

〈数量化の意義〉

「常識の陥穽（おとしあな）」から脱する方法

——日本には、なぜ本当の意味での論争がないのか

1 数学の背景を読む

「数量化」が意味を持つための三つの条件

数量化は人間の作為の産物

さて、最後に、これまで述べてきた数学的発想を基礎にして行なわれる数量化という問題を、整理して採りあげておきたい。数量化とは、端的にいうと、ある対象を、数字を用いて表現することによって、万人にわかりやすい形にするということである。たとえば、寒暖計や気圧計を例に採ってみるとよくわかる。そういうものが発明される以前でも、ちょっと暑い、うんと暑い、ちょっと寒い、うんと寒い、といった感覚を人々は持っていた。

しかし、それはあくまでも直観的なものにすぎず、寒暖計が発明されて初めて、その直観的な暑さ、寒さが数量化されたのであり、気圧計が発明されることによって、初めて天気のよし悪しが数量化されたのである。

その後、デカルトが座標軸を発明し、ニュートンが微分学を発明することによって、速度、加速度といった概念も数量化され、さらに進んでは、力、運動量、角速度、エネルギー、そしてエントロピーといった物理的諸概念も次々と数量化された。こうした事実があったからこそ、現代物理学は驚異的ともいえる進歩を遂げたのであり、ひいては、スペースシャトルなどという一大宇宙ショーの楽しみも、われわれは味わうことができたのだ。

ところで、ここで問題なのは、温度や気圧をはじめとするこうした物理的諸概念は、本質的に数量的な性質を持っていたのかどうかということである。これは、ちょっと考えてみればすぐにわかるように、そんなことはあり得ない。言い換えれば、こうした数量化は、天から与えられたものなどでは毛頭なく、学者が自らの研究の便利のために発明したもので、あくまで人間の「作為(さくい)の産物」なのである。

社会科学の分野においても、この事実はまったく同様で、たとえば、経済学では、価格などは割合自然に出来上がったようにみえるが、国民所得となると、明らかに経済学者が社会会計学と統計学を駆使して作り上げたものである。また知能指数だって、心理学者の発明品。頭がうんといい、割合いい、ちょっといい、などといった直観的なものを、百年もかかって、苦心惨憺して数字に置き換えたのである。

とすれば、学者が一所懸命努力することによって、これまで数量化されていなかったものが、将来には数量化され得るということも十分、考えられるのではなかろうか。

たとえば、女性の美しさ具合だって、卓抜した学者の手にかかれば、〝美人指数〟などという形で数量化されないとも限らない。完全な十人並みを一〇〇として一七〇以上なら絶世の美人、三五以下なら目も当てられないブスというふうに。しかし、住民基本台帳に、女性のデータにはすべて美人指数がはいるということにでもなれば、これはもう、困り果てるか、開き直るしかない女性が続出しそうである。

ただ、そんな事態が起こった暁には、男性のほうも精力指数のチェックが義務づけられるかもしれない。もっとも、精力指数などというものは、水何グラム入りのヤカンを何秒ぶら下げていられるか、といった昔なつかしい方法の精度を増しさえすれば、美人指数よりはるかにたやすく数量化できそうにも思えるが……。

数量化しなくても客観的比較はできる

余談はさておき、重要なのは、数量化することによって初めて学問の進歩が成され、社会的にも多々便利な事態が生じてきたということなのだが、それはなぜなのだろうか?

こんな質問をすると、まず真っ先に「数量化すると客観的な比較ができるから」といった答えが返ってきそうである。では、逆に数量化しなかったら比較できないかといえば、そんなことはない。力だったら、綱引きをやりさえすれば、どっちの力が強いかはわかるし、天秤棒(てんびんぼう)が一本ありさえすれば、重さの客観的な比較だってできる。「数量化しなければ、時間と空間を超えた比較ができないのでは……」次には、こんな答えも出てきそうだが、たとえば、女性の美しさなどというのはどうだろう。もし仮に写真の技術と録音の技術が発達しており、きわめて鮮明な写真と声の記録が残っていたなら、クレオパトラと楊貴妃(ようきひ)と小野小町(おののこまち)のうち誰が一番美人か、という比較もできるのではなかろうか。何を美人の基準に置くのかは別としても、ともかく、数量化せずとも時空を超えての比較だって確かにできるのである。

あるいはまた、ちょっと頭をひねって、「数量化すれば、性質の違うもの同士の比較ができるんじゃないか……」などという答えもありそうだ。しかし柔道何段というのと将棋何段というのは、果たして比較できるだろうか？　両方とも、数量化しているにもかかわらず、比較のしようがないのは明らかである。

そういえば以前に、プロボクサーのモハメド・アリとプロレスラーのアントニオ猪木が、何とも変てこりんな試合をしたことがあったが、それ以上に、将棋指しと柔道家が両方とも五段だから勝負をしようといったって、いったいどうすりゃあ勝負ができるだろう？　これこそ、絶対に勝負のしようがない。

「俺は、柔道三段、空手四段、将棋三段だから、合わせて十段だ」などというのも、冗談としてはおもしろいが、その段数を合計すること自体には何の意味もない。つまり、数量化してあれば、異質のもの同士の比較ができるというのは、思い違いにしかすぎないことは、これでおわかりいただけよう。

〈数量化の意義〉

数量化されているもの（例：温度、気圧、物価指数……）が、科学的に意味をもつかどうか、確かめるためのチェックポイント

その数字が　①Ａ＞Ｂ、Ｂ＞ＣならばかならずＡ＞Ｃとなるか〔推移律〕
②たし算、ひき算、掛け算、割り算（四則演算）ができるか
③数字がとぎれることなく続いているか〔連続〕

以上の３条件（実数の公理）を満たしているかどうか調べればよい

科学的数量化の例：速度、商品数量、価格、温度、気圧など

非科学的数量化の例：知能指数（上記②が欠ける）
柔道、将棋などの段位（上記①、②が欠ける）
物価指数、GNP（②が疑問）

「実数の公理」とは何か

では改めて、数量化の意義を問い直してみることにしたい（上の図参照）。まず第一に、はっきりさせておかなくてはいけないことは、数量化するときの、その〝数〟とは何を指すかということである。

一口に数といっても、自然数、有理数、無理数、実数、複素数（虚数）とあるわけだが、結論を先にいってしまえば、数量化とは、実数の範囲の数で表現することを指す。

しからば、実数、リアルナンバーとは何ぞや、ということが問われるわけだ。読者の中には、「何だか、禅問答めいているなあ……」といった印象を受ける向きも少なくなかろうが、数学者とは禅問答など、一切やらない人種である。

数学者は、公理主義の考えを貫いてこそ、初めて数学者たり得るのであるから、実数とは何ぞや、と問われた場合には、実数の公理を挙げて説明するしかない。公理とは、数学の理論の発端に置かれた関係で、他の関係からは導かれることができないものを指し、この公理を推論の出発点として、あとは論理学的に推論を進めていくこと以外は、数学という学問とは見なされないのである。

そこで、次に、実数の公理を述べることにしよう。実数の公理の第一は、コンプリート・オーダー（完全順序）であるということ。これはどういう意味かといえば、A＞B、B＞Cが成り立てば、A＞Cも必ず成り立つというように、〝推移律〟がきちんと成り立つということを指す。

当たり前のようだが、世の中にはそうでないものも数限りなく存在する。たとえばジャンケンがその典型で、グー＞チョキ、チョキ＞パー、であるにもかかわらず、グー＞

パーは成り立たずに、パー∨グーとなってしまう。こういう順序のことは、サイクリック・オーダー（循環順序）というわけだが、コンプリート・オーダーの実数については、こうした順序の逆転はけっして起こらない。log2 と1/3では、1/3のほうが大きく、7/5と√2では、√2のほうが大きいという具合に、大小関係が常に一義的に決まるのである。

実数の公理の第二番目のものは〝可換体〟であるということ。簡単にいえば、四則演算ができるということだ。足し算ができ、引き算ができ、掛け算ができて、しかもゼロで割る場合を除いて割り算もでき、その結果も一義的に決まる。そしてさらに、足し算と掛け算においては、結合律［(a＋b)＋c＝a＋(b＋c)，(ab)c＝a(bc)］と配分律［a(b＋c)＝ab＋ac，(b＋c)a＝ba＋ca］が成り立つ。以上の条件をすべて満たしている場合を〝体〟というわけである。

実数の公理の三番目は、コンティニュアス、日本語に訳すと連続。これは、きちんとした説明はむずかしいものなのだが、ごく普通には、文字どおり、途切れることなくつながっていると考えて、まず差し障りはない。

以上の三つ、つまり、推移律が必ず成り立ち、四則演算が必ず成り立ち、連続であるという性質をすべて持っているものを、実数という。逆に言えば、実数のこの三つの性質（＝公理）から、解析学（微積分など）のすべての定理は出てくるのである。解析学の定理といえば、何とかの定理とか、何やらの定理と、本当に山のようにあるのだが、それらのすべてが、たった三つのこの公理から導かれるというのだから、数学の論理とは、何ともドエライものなのである。

定理そのものに限って言えば、昔からたくさんあり、学者の努力によってそれなりの発展は遂げてきた。しかし、数学という学問が本当の意味での偉大な発展を始めたのは、十九世紀の末から二十世紀の初めにかけて解析学が公理化され、その公理主義の方法で再構成されてからのことなのである。

マイナスの商品数量とは何を意味するか

さて、それではもう一度、数量化の問題に話を戻すことにしよう。すでに述べたように、数量化とは、対象を実数で表示することであり、その実数には公理として三つの性質が定められている。とすれば、数量化する対象が実数の三つの性質を持っているかどうかを確かめれば、その数量化に意味があるかないかが、一目で判断できるということになる。

たとえば、速度を例に採ってみよう。車を運転したことのある人なら特によく実感できるはずだが、速度はコンプリート・オーダーである。

それから、連続ということに関しても、自動車のスピードメーターの針を見てもわかるとおり、当然成り立つ。四則演算もいうまでもなくできる。というわけで、つまり、速度というものは、数量化の対象として文句なしであり、速度の数量化には、ちゃんとした意義があると言えるのである。

同様に、加速度はどうか、力は、温度は、エネルギーは、エントロピーは……、と考えていくならば、ことごとく実数の三つの性質が当てはまる。すなわち、それらの数量化には十分意義があるわけだ。そして、いうまでもなく、こうしたいろいろな意義ある数量化に成功したために、現代物理学はあれほどの進歩を遂げ得たのである。

では、次に経済学について考察してみることにして、まず、商品の数量ということについてはどうだろう。多い少ないということは一目見てもわかるわけで、したがって推移律は当然成り立つ。四則演算についてはどうか。

ここで一つ問題を出してみたい。果たして、商品の数量にマイナスということはあり得るか……？　マイナスがなければ四則演算などできないのだから、これが大きなチェックポイントである。より具体的にいうなら、米がマイナス一俵だとか、うちには自動車がマイナス二台ありますとか、サーカスだったら虎がマイナス三匹いるとか、そういったことはあり得るかどうかということを尋ねてみたい。物理学における速度、加速度、力などは、すべてベクトルだから、当然マイナスは考えられるのだが。

さて、読者の答えはいかがなものであろうか……。ズバリ答えを言えば、今述べたようなマイナスの商品数量というのは、実際にあり得る。

経済学における商品の数量とは、物質としての商品を手元に持っているということではなく、それだけの商品数量の所有権を有しているという意味である。つまり、言い換えれば、負債を持っていれば、マイナスの所有ということになり、商品数量も負の値を取るのである。

先ほどの例でいえば、米がマイナス一俵というのは、戦後すぐにはよくあった状況だが、隣家なり親戚などから米一俵を借りていることであり、自動車マイナス二台というのは、自動車二台分の負債を負っているのであり、同様に、虎マイナス三匹を所有するサーカスにおいては、とにかく虎三匹を返さなくてはいけない、という負債を持っていることになる。

マイナスの商品価格がついているものとは？

では、次に、連続であるか否かを考えるため、まず商品数量に整数以外の実数が当てはまるかどうかもチェックしてみたい。たとえば、自動車が四・五台などということは考えられるだろうか……？

これも答えはイエス。理論的には、車が四・五台ということはあり得る。簡単な話が、Ａ社、Ｂ社、Ｃ社、Ｄ社という四つの会社が所有している自動車の合計台数が一八台だとすれば、一社当たりの平均自動車台数を相加平均で出してみれば、ちゃんと四・五台という数字が出てくる。

ただし、四・五台の自動車を目の前に並べて見せろ、と言われても困る。四台の自動車はもちろんいいとして、〇・五台の自動車とは、果たしていかなるものか……。「ナァーニ、簡単、自動車を半分に切って、そこに置けば済むことではないか」などと気軽にいう人もいそうだが、半分に切ってしまい、すでに自動車としての機能を失ってしまったものを、自動車の数に数えるのはどんなものだろう。

結局、自動車が四・五台とはあくまで理論上の数字であり、現実には見ることはできない。しかし、とはいっても、感覚的には四・五台の自動車というのは十分イメージできるものであり、統計上も価値のある数字なわけだから、数量化によって、四・五台という数を出すことは、けっして無意味なことではないのである。

では、たとえば、モンゴルのある地域では、一部族が平均、ラクダをルート五五匹飼っているなどという言い方はあり得るか……？　ルート五五匹のラクダなんて、イメージとしてはとてもピンと来そうにもない。もちろん、ラクダをルート五五匹並べて見せることなどできない。

しかし、概念としては、ルート五五匹のラクダというのは十分あり得る。具体的にいえば、そのモンゴルの地域にＡという部族とＢという部族の二大勢力があって、Ａ部族のラクダが五匹、Ｂ部族のラクダが一一匹だとすれば、その相乗平均は、（五×一一）の平方根、つまりルート五五匹となり、ちゃんと意味を持った数字であることがわかる。また、このようにすれば、商品数量に無理数を当てることだって不可能なことではない。

そのことから類推するなら、アークタンジェント何匹のライオン、ということだって十分にあり得そうだ。要するに、計算や統計の都合でいろいろな数字も考えられるわけで、経済学上の商品数量も、近似的に連続しているものと仮定できるのである。

つまり、これで商品数量の数量化にも意義があるということも証明できたことになるのだが、ではもうひとつ、経済学に不可欠な価格についてはどうか……？

商品数量と同じく、推移律については文句なしに成り立つというのは、すぐにおわかりのことだろうが、問題になるのは、四則演算ができるかどうかだ。まず、そのチェックポイントになるのは、マイナスの価格というものが考えられるかどうかである。具体的には、果たして、マイナスの価格なるものがあり得るだろうか。たとえば、バナナの叩き売りを例にとってみると、一房三〇〇円のバナナを、二房買えば五〇〇円にまけるし、エーイ、大まけにまけて三房買えば一房分はただ、なんてこともよくある。しかし、この場合でも、まだ価格はプラスの数値、ないしはゼロである。

では、マイナスの価格とはどういう形になるのか。要するに、この商品はただでも売れないから、お金をくっつけても持って行ってほしいというケースが想定される。

わかりやすくいえば、迷惑な商品ということで、ゴミや糞尿などがその代表。こういうものは、お金をつけることによって、ようやく持って行ってもらえるわけで、こういう具合に、経済学でもマイナスの価格というのはちゃんと存在し得るのである。

ともかく、価格についても数量化の意義は十分あるわけで、社会科学の中において、経済学は最も数量化の進んだものであり、抽象的な体系化ができている学問となっている。

数学の得点と英語の得点を足すことに、意義はあるのか

では、心理学における知能指数についてはどうだろう？ 推移律は成り立っているし、目盛を限りなく細かくしていくことも可能だから、連続という性質も近似的に満足し得る。しかし、四則演算というところでは、どうしても躓かざるを得ない。それは、ちょっと考えてみればすぐにわかることで、たとえば、知能指数一〇〇の人間を二人連れてきて、共同で知能テストをやってみたところで、かならずしもぴったり二〇〇などという結果は得られない。

もちろん、〝三人寄れば文殊の知恵〟なる言葉もあるぐらいで、知能指数一〇〇の人間が三人集まれば、一二〇ぐらいにはアップする可能性はないとはいえない。しかし、それは数学的な足し算とは無関係のものだろう。

さらにまた、知能指数の引き算などというものも、同様に何の意味もなさないわけで、結局、知能指数の四則演算は不可能ということになる。言い換えれば、知能指数

の数量化は、実数の公理から考えると、真の意味の数量化とはいえず、一応の目安にしかすぎないことがわかる。

同じことは、柔道とか将棋の段に関しても言えるわけで、五段が二人集まれば十段の強さになるなんてことはあり得ず、また、四段が五段に勝つということもけっして珍らしいことではないのだから、強さについての推移律はまったく成り立っていない。

いわば、この段とは、ごく大雑把(おおざっぱ)な目安を、単に数字で表わしただけで、ＡＢＣＤ……ＸＹＺなどと、記号でランク分けをすることと、何らの変わりはない。これは、曖昧さを尊ぶ〝日本人ならではの数量化〟といっていいのかもしれない。

そう考えると、入学試験における各科目の合計点数で合格者を選ぶというやり方も、きわめて数学的発想からは遠いものといわざるを得ない。

だいたい、英語の点数と数学の点数と歴史の点数を合計して、そこにどんな意味があるというのか……？　そんなものはあり得ようはずもなく、まるで柔道五段と将棋の五段をプラスして、自分は十段の値打ちがある、といって自慢するのと同じように、無意味なのである。

物価指数やＧＮＰは信用できるとはかぎらない

ここで、数量化というのは、学者が発明してきたものだと、先に述べたが、それをもう一度思い出してほしい。つまり、その発明に際して、対象の性質をきちんと吟味せずに勝手な数字をくっつけたのでは、真の数量化とは無縁の、形だけの数量化にしかなり得ない、ということをしっかり頭に入れておいてもらいたい。そうすれば、一見科学的な装いをこらしたニセの数字に欺されることもなくなるはずである。

問題は、対象が、公理化された実数の三つの性質を備えているかどうかで、備えているならもちろん数量化することに大きな意義があり、一方、これが備わっていなければ、数量化したところで意味がないということになる。そして、逆に考えるなら、実数の三つの性質が備わっているかどうかを確かめることで、一見数量化できているように見えるもののまやかしを暴く（あば）こともできるわけである。

たとえば、物価指数。これは主な商品をいくつかピックアップして、その価格を平均するというもので、一見合理的に見える。だが、極端な場合、宝石やテレビの値段がうんと値下がりし、逆に米とか野菜の値段がグンと上がったとしたらどうだろう。物価指数は変わらないかもしれないが、国民の生活実感としては、物価は上がったという印象を受けるに違いない。

ＧＮＰの国際比較についても然り。たとえば、台湾では、車や電化製品は日本よりずいぶん高いのだが、日用品に関してはものすごく安い。それに対して日本のほうは、車や電化製品は格安だが、日用品については、台湾の何倍か高い。とすれば、日本のＧＮＰは台湾の数倍も高く、その分生活水準も高いと言うことが、どれほどの意味を持つものか、と疑問に思う人がいたとしても、不思議ではないわけである。

物価指数にしても、ＧＮＰにしても、本来足すべからざるものを足したりして、無理やり平均化させた数値である。とするなら、国民が果たしてどういう生活を好むのか、という基準を明確に決め、その座標軸を導入してこそ、初めてその数値が意味のあるものに成り得る。

言い換えれば、物価指数やＧＮＰは信頼できる数値である場合と、眉唾っぽい数値である場合とがあるわけで、それを見極められるかどうかは、ひとえに、数学的なものの考え方の基本を身につけているかどうか、にかかってくるのである。

2 「全体」と「部分」の混同

「アローの背理」が明らかにした社会観察手段

全体に対する命題は、部分に対しても成り立つのか

常識の論理とはかけ離れていながらも、それを使えば日常の論理の曖昧さがくっきりと浮かび上がってくる数学の論理のおもしろさについては、もうよくおわかりのことと思うが、もうひとつだけ、数学の論理の中の大事な要素に触れておきたい。今度は、全体と部分ということである。

わかりやすいように、まず一つの例を挙げよう。たとえば〝この学校の生徒は皆女である〟という命題が正しいとして、〝その学校の三年二組の生徒は皆女である〟という命題は成り立つかどうか……? これは、誰が考えても、いや考えるまでもなく、成り立つ。

では、次に〝猫は哺乳類である〟という命題が正しい場合に、〝三毛猫は哺乳類である〟とか、〝黒猫は哺乳類である〟とかいう命題に関してはどうであろうか？ これも、いうまでもなく成り立つ。

数学的にいえば、これらの例については、〝ある集合に対して成り立つ命題は、そのどの部分集合に対しても成り立つ〟ということである。

もうひとつ数学から例を採ってみると、二次関数に関して、実数の範囲で連続であるということがいえたとすれば、二次関数は任意のある有理数においても連続だといえる。すなわち二次関数は、1と2の間においても、1/3と1/2の間においても連続である、といったことがすべての実数の範囲で成り立つ。これは〝関数は、ある集合で連続であるということがいえれば、そのいかなる部分集合においても連続である〟という形にまとめられる。

それでは、〝日本は国家である〟という明らかに成り立つ命題があったとして、〝東京都は国家である〟という命題が成り立つかどうか……？ これは、成り立たない。

同じような例は、他にいくつも考えられるわけで、たとえば〝国鉄（現JR）は赤字である〟というのは正しいとして、では〝東海道新幹線は赤字である〟というのはどうか。そんなことはないのであって、東海道新幹線は国鉄の一部ではあるが、立派に黒字であった。

すなわち、全体の命題が部分の命題にすべて成り立つ場合と、全体の命題が部分の命題には成り立たない場合とがあるのである。では、それはいかなる違いなのか。実は、ある集合に関する命題には、集合の個々の要素に関する命題と、集合全体に関する命題の二種類があるのである。

先ほど挙げた例でいえば、〝この学校の生徒は皆女である〟という命題や〝猫は哺乳類である〟という命題は、集合の個々の要素に関する命題だということができる。つまり、〝この学校の生徒は皆女である〟ということは、生徒という集合があって、その一人ひとりが女だということだ。同じく、猫の命題についても、猫という集合があって、その一匹一匹がすべて哺乳類だということである。

それに対して〝日本は国家である〟という命題のほうはどうかといえば、明らかに集合全体に関する命題なわけで、日本というのは一都一道二府四三県の集合であるのは確かだとしても、そのなかの一つである東京都が国家だということではなくて、一都一道二府四三県全部が集まった集合が、国家としての性質を持っているということなのだ。また、〝国鉄は赤字である〟という命題にしても、国鉄の個々の路線がすべて赤字であるという意味ではない。つまり、こうした集合全体に関しての性質については、部分集合が、必ずしもその性質を持つとは限らないということである。要するに、集合の全体に関してだけ成り立つ命題と、個々の要素のすべてにわたって成り立つ命題とは、明確に区別しなければならない。

「合成の誤謬」とは何か

ところで、こうした集合論の進歩の結果、社会科学的にどのような貢献をもたらしたのか、といえば、それは「ファラシー・オブ・コンポジション（fallacy of composition）」、日本語に訳すと、「合成の誤謬（ごびゅう）」というものが明確にされたということである。では、「合成の誤謬」とは何ぞや。

たとえば、ポール・A・サミュエルソンは、近代経済学の教科書であるその著書『経済学』の冒頭で次のようなことを述べている。「個人にとって無駄をいましめ貯蓄に励むことは美徳である。しかし、一国の人間がすべて貯蓄にだけ精を出せば、その国の経済は、当然、破綻(はたん)をきたす」と。

このことを、より正確に表現すると次のようになる。いま個人がみんな貯蓄をうんと増やせば、彼個人は富むが、消費は激減する。その結果、有効需要が激減する。これがさらに、乗数効果の作用をつうじて何倍かに拡大され、国民所得の大激減をまねく。つまり社会全体は貧しくなる。これが、「個人を富ます貯蓄が全体を貧しくする」という、いわゆる「ケインズのジレンマ」である。

学説史的にさらに有名なのが、「マンデヴィルのジレンマ」と呼ばれるものである。これをマンデヴィル(一六七六〜一七三三年。イギリスの経済思想家)は、その著『蜜蜂物語』のなかで「個人の悪徳は全体の美徳である」と表現している。常識で考えると、人びとがみんな悪人になれば社会もわるくなり、みんな善人になれば社会もよくなると考えがちだが、実はそうともかぎらない、とマンデヴィルは考えた。彼が挙げた例は、資本制社会における市場機構（マーケットメカニズム）の例である。

近代資本制社会においては、各個人は社会全体のことなど少しも考えずに自己の利益だけを追求する。消費者は自分の効用の最大化のみをめざし、企業は、自社の利潤の最大化のみをめざす。各個人は、たいへんな悪徳を実践するのだが、これらの活動がひとたびマーケットメカニズムをとおすや否や、「神の見えざる御手（インヴイジブルハンド）」といった正体不明の力が作動して、結果として、最大多数の最大幸福（この表現は、実は数学的には二重最適（ダブルオプテイマリテイ）の誤解をまねくおそれがある。現代的表現を用いれば、パレート・オプティマリティ）をもたらす、というのだ。これが、全体の美徳ということの内容である。

つまり、これらが象徴的な例だが、比較的有名なので、たいていの人がなんとなく感覚的に理解できることだろう。ところが「合成の誤謬」のなかには感覚的理解とまったく反するようなものが多い。具体例はあとに挙げるとして、まず、その理論的根拠である「アローズ・ジレンマ」（アローの背理）について述べておきたい。ところで、このアローズ・ジレンマが社会科学的に破天荒な貢献である理由は、「合成の誤謬」などといわれていても、その内容は割合に直観的で論理的ツメが十分でなかったのだが、アローはそれを論理的に完全な形に構成したことにある。

まず、アローズ・ジレンマの前提となっている「合理的選択」について説明しておこう。

合理的とは、数学的にいうと、推移律を満たすことである。具体的には、「BよりAを好む」「CよりBを好む」、の二つが成り立てば、必ず「CよりAを好む」も成り立つということだ。

この合理的選択というのは、実はわれわれが無意識のうちに日常生活の中で行なっているものであり、ごく当たり前のことだ。たとえば、子どもに何かお土産を買おうというときに、飛行機と自動車とモーターボートの玩具があったとする。そうすると、子どもの好みを思い浮かべて、あの子は自動車よりは飛行機が好きだ、飛行機よりもモーターボートが好きだ、だからモーターボートを買って帰ろう、というふうに選択しているはずである。

では逆に、推移律が成り立たない場合はといえば、前述のジャンケンがその典型。同様なことは、ヘビとカエルとナメクジ、ハブとマングースと猫というような三竦みの関係にも見られる。これらのケースは、サイクリック・オーダー（循環律）であり、推移律ではない。

では、男が女の子を選択する場合についてはどうだろう？　たとえば、Ｃ子さんよりはＢ子さんが好き、Ｂ子さんよりはＡ子さんの方が好き、とすれば、Ａ子さんを一番先にデートに誘いたいにきまっている。だから、もしＡ子さんにデートを断わられたとすれば、他にさしたる考えのないときなら、次にＢ子さんを誘い、それも断わられたとなると、しかたなくＣ子さんを、ということになるだろう。

このときには、もちろん推移律が成り立っている。でも、もし、そのときひじょうに欲情を催して(もよお)おり、Ｂ子さんは身持ちが固いけれど、Ｃ子さんは誘えばすぐベッドを共にするタイプだとしたらどうだろう？　今日に限っては、Ｃ子さんを誘おうか、ということになるのではあるまいか……。このときには、当然、推移律は崩れてしまっている。したがって、女の子の選択については、推移律が成り立つ場合と、成り立たない場合があるということになってくる。

そんな具合に、推移律というのは、成り立つ場合も成り立たない場合もあるわけだが、商品の選択とか政策の選択とかに関しては、その人に特殊な条件が付帯していなければ、この推移律は成り立つ。たとえば、日本の政治を例に採った場合、自民党と民進党なら自民党を採る、民進党と共産党なら共産党を採るという考え方の人が、共産党と自民党のどちらかを選べといわれたら、自民党を選択する。もし共産党を選択してしまうというのなら、推移律は成り立たないし、そういう人が数多く増えてくると、選挙という場における国民のデシジョン・メーキング（意思決定）がひじょうに不合理にならざるを得ないのである。

個人が合理的でも社会は不合理な選択をする

そこでアローズ・ジレンマの場合には、推移律が成り立つ合理的選択が行なわれるということを前提に置き、世の中には、選択がA、B、Cの三つしかない、さらに、選択する側の人間も、X、Y、Zの三人しかいないと仮定する（次ページの表ではA＝自民党、B＝民進党、C＝共産党とした）。

〈アローの背理〉

個人個人がそれぞれ合理的選択をしても、社会は、
合理的選択をするとは限らない。

最も基本的な例：政党の支持にみる背理
（選択する人）

Xさん	：	自民＞民進，民進＞共産	→ 自民＞共産
Yさん	：	民進＞共産，共産＞自民	→ 民進＞自民
Zさん	：	共産＞自民，自民＞民進	→ 共産＞民進

まとめると	自民、民進での選択では	自民＞民進が2人（自民＜民進1人）
	民進、共産での選択では	民進＞共産が2人（民進＜共産1人）
	共産、自民での選択では	共産＞自民が2人（共産＜自民1人）

その結果　**自民＞民進　民進＞共産**であるのに
自民＞共産とならず、**自民＜共産**となる

そして、Xに関しては、A＞B、B＞C→A＞C、という推移律が必ず成り立つものとする。Yに関しては、今度はBから始まって、B＞C、C＞A→B＞Aの推移律が、Zに関しても、C＞A、A＞B→C＞Bの推移律が必ず成り立つものとする。言い換えれば、三人とも、推移律が成り立つという意味において、合理的な選択をするということが前提となっている。

では、これを三人まとめて見た場合はどうなるだろうか……？

AとBの選択においては、A＞

Bが二票でB＞Aが一票、したがって民主主義社会の伝家の宝刀、多数派原理によると、この三人によって構成される社会は、A＞Bという選択をする。同様にBとCの選択においては、B＞Cが二票で、C＞Bが一票だから、B＞C。CとAの選択においては、C＞Aが二票で、A＞Cが一票だから、C＞A。さて、この三つの結果をまとめると、A＞B＞C＞Aとなる。すなわち、A＞B、B＞CであるのにA＞Cとならず、結果はC＞Aとなってしまう。X、Y、Zの三人は、それぞれ合理的な判断をして一票を投じたにもかかわらず、明らかに不合理な結果を産んでしまったことになる。

今、挙げた例は、社会には三人の人間と三つの政党しかなく、選挙の際は一人一票で、しかも棄権や無効票はない。そして三人が三人とも合理的選択をするという、デモクラシーの最も単純なモデルであった。そのモデルケースで検討した場合でさえ、個人の選択が合理的でも、社会全体としては不合理なことが起こる、ということが証明されてしまったわけである。

現実の社会においては、当然、人間の数ももっと多いわけだし、選択肢の数だって、もっと多い。とすれば、個人個人が合理的な選択をしているにもかかわらず、社会全体としては、さまざまな不合理現象が生じても、何の不思議もない。これが、いわゆる、アローズ・ジレンマであり、ケネス・ヨセフ・アロー（一九二一年〜）は、これを発見した功績によって、一九七二年、ノーベル経済学賞を受けている。

さて、以上のことを踏まえると、社会とは人間の集合である。だから、社会に関して何か命題を述べる場合には、それがその社会の個々の人間に関しての命題なのか、それとも社会全体に関しての命題なのかを、明確に区別することがいかに重大かがわかってくる。つまり、これを区別しないと、とんでもない誤謬を招きかねない。

社会科学者には、数学を知らない人たちが多いために、社会的要求とか社会的要請とかいう言葉を口にする際に、それが社会全体の要求、要請なのか、社会の個々の人間の要求、要請なのかということを明確に区別して発言することがないと言ってよい。したがって、いつも何を言っているのか、その論旨がまるではっきりしない。

もっとわかりやすい具体例としては、戦争のことが挙げられよう。この問題については、拙著『新戦争論』（光文社刊）で詳述したが、戦争とは、いうまでもなく国家間における戦いである。したがって、各個人がどうこうできるという性質のものではない。だから、国民の一人ひとりはことごとく戦争を望んでいないとしても、国家自身が戦争を欲するということはあり得る。

つまり、「戦争をする」という行為は、国家の命題であって、個々人の命題ではない。日本には、それをまったく理解せず、一人ひとりが「平和、平和」と念仏のごとく唱え、祈ってさえいれば、平和がくると信じ込んでいる、いわば平和念力主義者たちがあまりにも多い。

私は、「戦争が国家の命題である」ということをわかっていないそうした人たちこそが、偽り（いつわ）の平和論を煽り（あお）、国民に真に有効な安全保障の対策を立てさせない、まことに危険な存在だという立場から、あえて『新戦争論』の副題を「〝平和主義者〟が戦争を起こす」としたのである。

常識的な考え方では、皆がいい人になれば、社会全体がよくなり、また、すべての人が平和を欲すれば戦争は起こらない、という意見が正しく見えても不思議はない。しかし、数学的論理に従ってきちんと検証してみれば、今述べたとおり、そんなものは嘘っぱちだということが、すぐにわかる。その意味でも、数学の論理というのはきわめて貴重なものなのである。また、さまざまなオピニオン・リーダーたちの一見まともに見える見解に惑わされることなく、社会現象の真の姿をとらえ、自分自身の判断を持ちたいと思う人には、なくてはならぬ武器だといえよう。

本書は、弊社より二〇〇五年五月に出版された『数学を使わない数学の講義』を改訂した新版です。

小室直樹（こむろ・なおき）

政治学者、経済学者。1932年東京生まれ。京都大学理学部数学科卒業。大阪大学大学院経済学研究科、東京大学大学院法学政治学研究科修了。法学博士。フルブライト留学生としてアメリカに留学、ミシガン大学大学院でスーツ博士に計量経済学を、マサチューセッツ工科大学大学院でサムエルソン博士（1970年ノーベル賞）とソロー博士（1987年ノーベル賞）に理論経済学を、ハーバード大学大学院ではアロー博士（1972年ノーベル賞）とクープマンス博士（1975年ノーベル賞）に理論経済学を、スキナー博士に心理学を、パースンズ博士に社会学を、ホマンズ教授に社会心理学を学ぶ。『日本人のための経済原論』（東洋経済新報社）、『小室直樹の中国原論』（徳間書店）、『日本人のためのイスラム原論』（集英社インターナショナル）、『日本国民に告ぐ』『硫黄島栗林忠道大将の教訓』（以上、ワック）ほか著書多数。2010年9月逝去。

数学(すうがく)を使(つか)わない数学(すうがく)の講義(こうぎ)

2018年2月3日　初版発行
2018年5月12日　第3刷

著　者　小室　直樹

発行者　鈴木　隆一

発行所　ワック株式会社
東京都千代田区五番町4-5　五番町コスモビル　〒102-0076
電話　03-5226-7622
http://web-wac.co.jp/

印刷製本　図書印刷株式会社

ISBN978-4-89831-772-3